EVOLUCIÓN de la VIDA

en la TIERRA

Ángel Luis León Panal

Natalia Pérez Campos

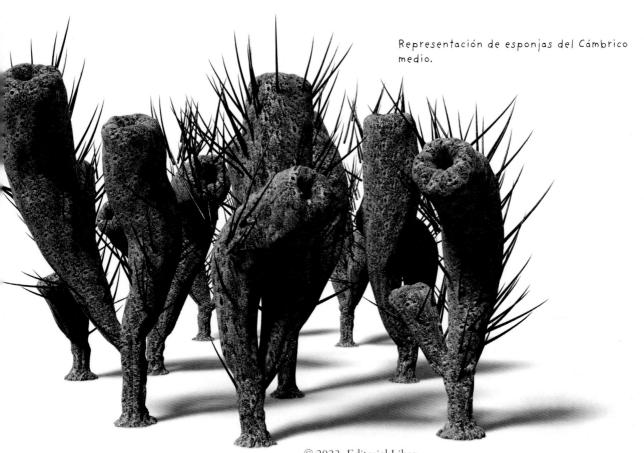

Representación de esponjas del Cámbrico medio.

© 2023, Editorial Libsa
C/ Puerto de Navacerrada, 88
28935 Móstoles (Madrid)
Tel.: (34) 91 657 25 80
e-mail: libsa@libsa.es
www.libsa.es

ISBN: 978-84-662-4211-0

Textos: Ángel Luis León Panal / Natalia Pérez Campos
Edición: equipo editorial Libsa
Diseño de cubierta: equipo de diseño Libsa
Maquetación: Peñalver Madrid Diseño y Maquetación
Fotografías e ilustraciones: Shutterstock Images,
Gettyimages y archivo Libsa.

Créditos fotográficos:
Página 133 inferior izquierda: Dilomski / Shutterstock.com.

CONTENIDO

EVOLUCIÓN

CONCEPTOS CLAVE

La impresionante biodiversidad que habita en la Tierra solo puede explicarse dentro del marco de la evolución, un pilar fundamental de la biología.

El genetista ucraniano Theodosius Dobzhansky aseguraba que «nada tiene sentido en biología si no es a la luz de la evolución». Durante los siglos XIX y XX diferentes investigaciones científicas tuvieron como resultado el desarrollo de la teoría de la evolución, que supone uno de los pilares fundamentales de las ciencias biológicas.

De forma resumida, la teoría de la evolución está conformada por tres hechos observables en cualquier organismo vivo. En primer lugar, dentro de una población concreta los rasgos varían entre los individuos. Dichas características, denominadas fenotipo, pueden ser morfológicas, fisiológicas o etológicas. Un segundo aspecto se refiere a las ventajas que ofrece dicho fenotipo frente al resto de la población. Es en este punto donde actúa la selección natural (aunque también existen otras variantes, como la selección sexual y la artificial), un filtro que los individuos deben superar para así sobrevivir y en último lugar reproducirse. El tercer hecho importante es que dicho fenotipo debe transmitirse de generación en generación, aspecto que implica a los genes y a las diversas formas en que se heredan.

Tomemos, por ejemplo, una población de conejos en la que existan individuos tanto marrones como blancos. El tipo de pelaje, que es un rasgo fenotípico, confiere a estos animales la capacidad para camuflarse en el ambiente. Si en el lugar donde viven los conejos abundan los tonos marrones, la selección natural favorecerá a los ejemplares con dicho color. Sin embargo, si se encuentran en un ecosistema dominado por la nieve, el resultado será el contrario.

La teoría de la evolución también nos permite comprender la historia de la vida desde su origen hasta la amplia diversidad de formas ahora existentes. Gracias a esta explicación científica, además de clasificar las especies del pasado, podemos unir todas las piezas de un gran árbol evolutivo que nos conecta con todos los organismos de la Tierra.

¿CÓMO SE CLASIFICAN LOS SERES VIVOS?

A lo largo de la historia el ser humano ha tenido interés en clasificar los diferentes organismos que habitan la Tierra. En su mayoría, estos sistemas de clasificación se basaban en la comparación de rasgos morfológicos, como, por ejemplo, el tipo de sangre. Sin embargo, conforme avanzaba el conocimiento científico, este trabajo se ha perfeccionado e incorporado aspectos importantes, como el marco de la teoría de la evolución.

En el siglo XVIII, el naturalista sueco Carlos Linneo ideó un sistema, conocido como nomenclatura binominal, que hoy en día utiliza la comunidad científica para nombrar a las especies. Dicho método se basa en el uso de dos palabras, de las cuales la primera hace referencia al género y la segunda, al epíteto específico. Por ejemplo, dentro del género *Panthera* encontramos al león, cuyo nombre científico es *Panthera leo*.

En la década de 1950, el entomólogo alemán Willi Hennig propuso que la clasificación de la vida se realizara teniendo en cuenta la historia evolutiva o filogénesis. De esta forma, la relación entre los taxones se representa mediante unos esquemas conocidos como cladogramas. Este aspecto es muy importante, ya que las clasificaciones basadas solo en rasgos morfológicos podían unir en un mismo grupo a especies que no tienen una relación real. Debido a la evolución convergente muchos organismos parecen compartir características comunes, como ocurre, por ejemplo, con las alas de aves, murciélagos y pterosaurios. Estos tres grupos de vertebrados desarrollaron adaptaciones similares de forma independiente.

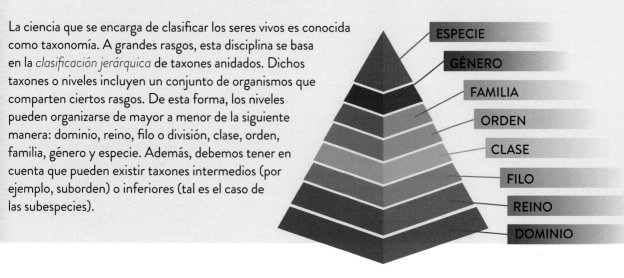

CLASIFICACIÓN JERÁRQUICA DE TAXONES ANIDADOS

La ciencia que se encarga de clasificar los seres vivos es conocida como taxonomía. A grandes rasgos, esta disciplina se basa en la *clasificación jerárquica* de taxones anidados. Dichos taxones o niveles incluyen un conjunto de organismos que comparten ciertos rasgos. De esta forma, los niveles pueden organizarse de mayor a menor de la siguiente manera: dominio, reino, filo o división, clase, orden, familia, género y especie. Además, debemos tener en cuenta que pueden existir taxones intermedios (por ejemplo, suborden) o inferiores (tal es el caso de las subespecies).

ESPECIE
GÉNERO
FAMILIA
ORDEN
CLASE
FILO
REINO
DOMINIO

¿QUÉ SON LOS FÓSILES?

La palabra «fósil» deriva del término latín *fosilis*, que puede traducirse como «obtenido al excavar». Los fósiles son restos de organismos que vivieron en tiempos geológicos pasados. Dentro de esta clasificación entran tanto ejemplares conservados (en su mayoría, el esqueleto) como cualquier tipo de rastro. El conjunto de fósiles de un taxón es conocido como registro fósil.

La paleontología es la ciencia que se dedica al estudio de los fósiles. Además de describir las diferentes especies del pasado (su biología, la edad, etc.), esta disciplina analiza cómo se formaron los fósiles y su posición en el árbol evolutivo. En este estudio resulta de especial relevancia los conocidos como fósiles guía, que ayudan a identificar los períodos geológicos gracias a su abundancia, amplia distribución y facilidad para identificar la especie.

Las partes duras de los seres vivos son las que tienen mayor posibilidad de resistir el proceso de fosilización. Por tanto, además de huesos, los fósiles pueden incluir conchas o exoesqueletos. Como hemos comentado, los fósiles también pueden ser rastros o marcas, conocidos en su conjunto como *icnofósiles*, realizados por los organismos cuando estaban vivos. Uno de los ejemplos más famosos son las *huellas* de los dinosaurios, que nos permiten analizar cómo se movían dichos animales. Los *coprolitos*, heces fosilizadas, también se sitúan dentro de esta categoría y nos brindan la posibilidad de saber más sobre la dieta o el comportamiento de las especies.

Asimismo se han registrado fósiles de bacterias, que se incluyen dentro del grupo de los *microfósiles*, cuyo tamaño ronda la micra (1 μm). Ejemplos de microfósiles, inferiores a 1 mm de tamaño, son los restos de foraminíferos, cocolitóforos, esporas de hongos y polen de plantas. Estos registros nos aportan información paleoclimática del ambiente donde vivieron.

Finalmente, podemos mencionar los registros hallados en resina fósil o ámbar. Dichas piezas se crearon gracias a la resina producida por árboles. En su interior se han descubierto diversos fósiles, conocidos como inclusiones, de animales, plantas y hongos.

EÓN	ERA	PERÍODO		ÉPOCA
Fanerozoico (544 ma a hoy)	Cenozoica (65 ma a hoy)	Cuaternario (1,8 ma a hoy)		Holoceno (11000 años a hoy)
				Pleistoceno (1,8 ma a 11000 años)
		Terciario (65 a 1,8 ma)	Neógeno (23 a 1,8 ma)	Plioceno (5 a 1,8 ma)
				Mioceno (23 a 5 ma)
			Paleógeno (65 a 23 ma)	Eoceno (54 a 38 ma)
				Oligoceno (38 a 23 ma)
				Paleoceno (65 a 54 ma)
	Mesozoica (245 a 85 ma)	Cretácico (148 a 65 ma)		
		Jurásico (208 a 145 ma)		
		Triásico (245 a 208 ma)		
	Paleozoica (544 a 245 ma)	Pérmico (286 a 245 ma)		
		Carbonífero (360 a 288 ma)		
		Devónico (410 a 360 ma)		
		Silúrico (440 a 410 ma)		
		Ordovícico (505 a 440 ma)		
		Cámbrico (544 a 505 ma)		
Tiempo Precámbrico (4500 a 544 ma)	Proterozoico (2500 a 544 ma)			
	Arcaico (3800 a 2500 ma)			
	Hádico (4500 a 3800 ma)			

Gracias al estudio de la geología y los fósiles podemos reconstruir la historia de la Tierra.

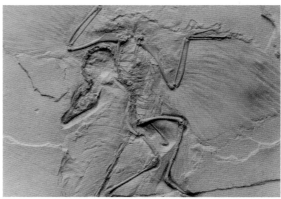

Los fósiles ofrecen la posibilidad de comprender cómo ha evolucionado la vida a lo largo del tiempo.

LA HISTORIA DE LA TIERRA SE HALLA EN LAS ROCAS

Se conoce como geología histórica la disciplina científica que estudia las modificaciones sufridas por la Tierra a lo largo del tiempo. A fin de relacionar estos eventos con una secuencia temporal, la geología clasifica las rocas dentro de una determinada estratigrafía que se sustenta en eventos (biológicos o geológicos) de gran magnitud. Dicha estratigrafía está conformada por eonotemas, eratemas, sistemas, series y pisos. Estas divisiones se corresponden con la escala de unidades geocronológicas: eones, eras, períodos, épocas y edades.

Uno de los principios básicos de la geología histórica fue establecido a finales del siglo XVII. El danés Nicolás Steno observó que los estratos o capas de rocas se ordenan según una sucesión que se corresponde con porciones de tiempo. De esta forma, la ley de la superposición establece que un estrato será más antiguo que aquellos situados por encima de él, pero más joven que los encontrados por debajo. Sin embargo, a pesar de su aparente simplicidad, la aplicación de esta idea no resulta tan fácil. Debido a los procesos geológicos, los estratos suelen estar erosionados, distorsionados, inclinados o incluso invertidos. Además, dos estratos del mismo tiempo pero hallados en distintos lugares pueden ser muy diferentes por sus procesos de formación.

A principios del siglo XIX, los trabajos de William Smith (geólogo), Georges Cuvier (naturalista),

Jean d'Omalius d'Halloy (geólogo) y Alexandre Brongniart (químico y biólogo) permitieron identificar los estratos según los fósiles que se hallaban en ellos. Estas aportaciones ayudaron a dividir con una mayor precisión la historia de la Tierra, así como a relacionar los estratos que se hallan en distintos puntos del planeta. Durante este tiempo, la ciencia británica desempeñó un importante papel en la descripción de los estratos y fósiles. Este es el motivo de que el nombre de algunos periodos tenga relación con la historia o grafía de Reino Unido. Por ejemplo, Cámbrico hace referencia al nombre romano de Gales; Ordovícico y Silúrico se inspiran en el nombre de antiguas tribus galesas, y Devónico alude al condado de Devon.

En 1896 se descubrió la radiactividad, cuyas aplicaciones tendrían un amplio abanico científico y tecnológico. Concretamente, dentro de la geología permitió realizar dataciones temporales mucho más precisas gracias a los radioisótopos.

La Comisión Internacional de Estratigrafía, un subcomité científico de la Unión Internacional de Ciencias Geológicas, es el organismo encargado de establecer una escala temporal estratigráfica estándar global. Desde esta comisión, cuyo trabajo se basa en el consenso científico, se seleccionan las secciones estratotipo y los puntos de límite que servirán como referencia para el resto del mundo.

Edades de la Tierra

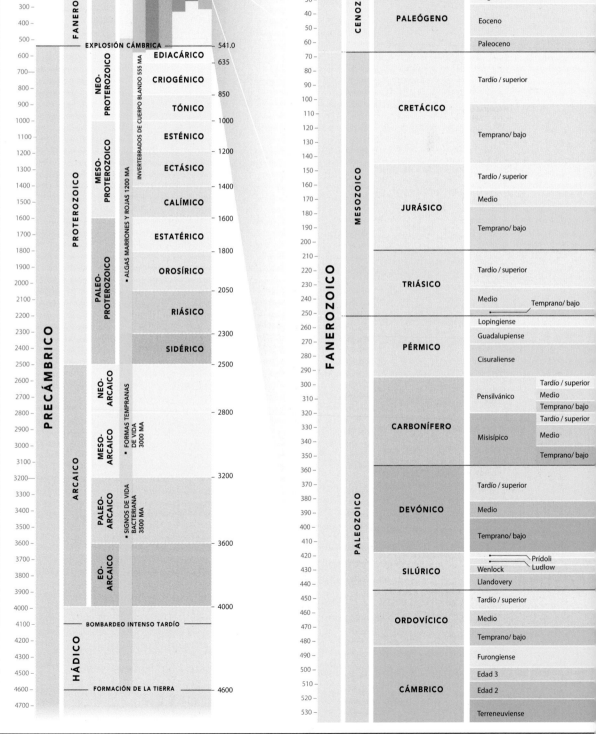

MILLONES DE AÑOS (MA)	EÓN	ERA	PERIODO / SISTEMA	MA
PRESENTE				
100—	FANEROZOICO		CH 1 · CH 2 · CH 3 · CH 4 · CH 5 · CH 6 · CH 7	
200—				
300 –				
400 –				
500 –			EXPLOSIÓN CÁMBRICA	541.0
600 –	PRECÁMBRICO / PROTEROZOICO	NEO-PROTEROZOICO	EDIACÁRICO	
700—				635
800 –			CRIOGÉNICO	
900 –				850
1000 –			TÓNICO	
1100 –		MESO-PROTEROZOICO		1000
1200 –			ESTÉNICO	
1300 –				1200
1400 –			ECTÁSICO	
1500 –				1400
1600 –			CALÍMICO	
1700 –				1600
1800 –		PALEO-PROTEROZOICO	ESTATÉRICO	
1900 –				1800
2000 –			OROSÍRICO	
2100 –				2050
2200 –			RIÁSICO	
2300 –				2300
2400 –			SIDÉRICO	
2500 –				2500
2600 –	ARCAICO	NEO-ARCAICO		
2700 –				2800
2800 –				
2900 –		MESO-ARCAICO		
3000 –				
3100 –				
3200—				3200
3300 –		PALEO-ARCAICO		
3400 –				
3500 –				
3600 –				3600
3700 –		EO-ARCAICO		
3800 –				
3900 –				
4000 –	HÁDICO			4000
4100 –			BOMBARDEO INTENSO TARDÍO	
4200 –				
4300 –				
4500 –				
4600 –			FORMACIÓN DE LA TIERRA	4600
4700 –				

(Anotaciones laterales: EXPLOSIÓN CÁMBRICA; INVERTEBRADOS DE CUERPO BLANDO 555 MA; ● ALGAS MARRONES Y ROJAS 1200 MA; ● FORMAS TEMPRANAS DE VIDA 3000 MA; ● SIGNOS DE VIDA BACTERIANA 3500 MA)

MILLONES DE AÑOS (MA)	EÓN	ERA	PERIODO / SISTEMA	ÉPOCA / EDAD		
PRESENTE						
10 –	FANEROZOICO	CENOZOICO	CUATERNARIO	Holoceno / Pleistoceno / Plioceno		
20 –			NEÓGENO	Mioceno		
30 –				Oligoceno		
40 –			PALEÓGENO	Eoceno		
50 –						
60 –				Paleoceno		
70 –		MESOZOICO				
80 –				Tardío / superior		
90 –			CRETÁCICO			
100 –						
110 –						
120 –				Temprano/ bajo		
130 –						
140 –						
150 –				Tardío / superior		
160 –						
170 –			JURÁSICO	Medio		
180 –						
190 –				Temprano/ bajo		
200 –						
210 –						
220 –				Tardío / superior		
230 –			TRIÁSICO			
240 –				Medio	Temprano/ bajo	
250 –		PALEOZOICO				
260 –				Lopingiense		
270 –			PÉRMICO	Guadalupiense		
280 –				Cisuraliense		
290 –						
300 –				Pensilvánico	Tardío / superior	
310 –					Medio	
			CARBONÍFERO		Temprano/ bajo	
320 –					Tardío / superior	
330 –				Misisípico	Medio	
340 –						
350 –					Temprano/ bajo	
360 –						
370 –				Tardío / superior		
380 –			DEVÓNICO			
390 –				Medio		
400 –						
410 –				Temprano/ bajo		
420 –					Prídoli	
430 –			SILÚRICO	Wenlock	Ludlow	
440 –				Llandovery		
450 –				Tardío / superior		
460 –			ORDOVÍCICO	Medio		
470 –						
480 –				Temprano/ bajo		
490 –				Furongiense		
500 –				Edad 3		
510 –			CÁMBRICO	Edad 2		
520 –						
530 –				Terreneuviense		

Los primeros signos de vida tuvieron lugar en un pasado muy remoto, durante el eón precámbrico, que duró casi el 90% de la existencia del planeta. En este gráfico, el resto del tiempo, desde el periodo Cámbrico hasta el periodo Cuaternario actual, se va expandiendo como en los capítulos del libro. Los periodos geológicos están relacionados con eventos importantes, primeras apariciones de vida y especies clave en su evolución.

1 PRIMEROS SIGNOS DE VIDA | **2 PLANTAS** | **3 INVERTEBRADOS** | **4 PECES Y ANFIBIOS** | **5 REPTILES** | **6 AVES** | **7 MAMÍFEROS** | **MYA**

Columna 1 – PRIMEROS SIGNOS DE VIDA
- FINAL DE LA EXTINCIÓN MASIVA DEL CRETÁCICO 66 MA
- EXTINCIÓN MASIVA PÉRMICO-JURÁSICO 201 MA
- LA «GRAN MORTANDAD» 252 MA
- EXTINCIÓN MASIVA DEL DEVÓNICO 359 MA
- EXTINCIÓN MASIVA DEL ORDOVÍCICO-SILÚRICO 443 MA
- *Hallucigenia*, 505 Ma, p.107
- *Haikouella*, 525 Ma, p.21
- *Anomalocaris*, 520 Ma, p.18

Columna 2 – PLANTAS
- Coníferas 5 Ma, p.82
- PLANTAS CON FLORES (ANGIOSPERMAS) 125 Ma, p.98
- Ginkgo 300 Ma, p.66
- Marattia 300 Ma
- *Lepidodendron*, desde 359 Ma p.54
- *Rhynia*, 410 Ma
- Las plantas pueblan la tierra 450 Ma

Columna 3 – INVERTEBRADOS
- *Dactylioceras*, ammonites, 190 Ma
- Moluscos bivalvos tempranos 225 Ma
- Gran Milpiés 300 Ma, p.57
- Blastoides 330 Ma
- Proliferación de insectos 350 Ma
- TETRÁPODOS (VERTEBRADOS DE CUATRO EXTREMIDADES) 380 Ma
- Cangrejos de herradura 450 Ma
- Diversidad de crinoideos 470 Ma
- NAUTILOIDEOS 500 Ma, p.30
- *Yunnanocephalus*, trilobites, 516 Ma p.122
- GUSANOS, 525 Ma

Columna 4 – PECES Y ANFIBIOS
- *Megalodon*, 16 Ma, P. 116-117
- *Xiphactinus*, 80 Ma
- Tiburones de seis branquias 190 Ma
- PRIMEROS ANCESTROS DE LAS RANAS 250 Ma
- *Anfibio Seymouria* 280 Ma, p.71
- PRIMEROS PASOS EN TIERRA 375 Ma
- *Coelacanthus*, 400 Ma
- *Birkenia*, 430 Ma
- Primeros peces 480 Ma
- Se establecen los mixinos 500 Ma, p.34
- *Pikaia*, 505 Ma p.20

Columna 5 – REPTILES
- Dragón de Komodo, 3¾ Ma
- Triceratops, 68 Ma, p.115
- *Velociraptor*, 75 Ma, p.103
- *Pteranodon*, 86 Ma, p.105
- *Compsognathus*, 150 Ma
- TORTUGAS 220 Ma, p.101
- DINOSAURIOS 230 Ma,
- REPTILES GRANDES DEPREDADORES 280 Ma,
- Primeros reptiles 312 Ma, p.60

Columna 6 – AVES
- AVES DEL TERROR 17 Ma
- AVES PASERIFORMES 55 Ma
- *Confuciusornis*, 125 Ma, p.90
- *Archaeopteryx*, 150 Ma, p.90
- PRIMERAS AVES 160 Ma

Columna 7 – MAMÍFEROS
- Homo sapiens, 200,000 a, p.172
- Paraceratherium, 25 Ma, p. 132-133
- *Aegyptopithecus*, 34 Ma
- Primeros murciélagos, 52 Ma, p.128-129
- *Titanoides*, 60 Ma
- *Repenomamus*, 125 Ma, p.115
- MARSUPIALES Y PLACENTARIOS 150 Ma, P.152
- PRIMEROS FÓSILES DE MAMÍFEROS 220 Ma
- *Thrinaxodon*, 250 Ma
- PRIMEROS TERÁPSIDOS 270 Ma

MYA
0.0117, 2.58, 5.33, 23.03, 33.9, 56.0, 66.0, 100.5, 145.0, 163.5, 174.1, 201.3, 237, 247, 252.17, 259.8, 272.3, 298.8, 307.0, 315.2, 323.2, 330.9, 346.7, 358.9, 382.7, 393.3, 419.2, 423.0, 427.4, 433.4, 443.8, 458.4, 470.0, 485.4, 497, 509, 521

FORMACIÓN DE LA TIERRA

Nebulosa del Águila (M16) donde se observa un cúmulo estelar de estrellas jóvenes.

A pesar de la inmensidad de las escalas geológicas que se miden por miles de millones de años, la Tierra es una recién llegada en comparación con la historia del universo. Si condensamos toda la historia del universo (13 700 millones de años) en un año, el Sol nacería el 31 de agosto y nuestro planeta el 14 de septiembre, hace más de 4 500 millones de años (Ma).

Nuestro Sistema Solar se formó a partir de una nebulosa, una nube de gases y polvo que fue poco a poco condensándose en elementos de mayor tamaño. Lentamente, la gravedad fue atrayendo a los pequeños cuerpos entre sí generando otros cada vez más grandes. El cuerpo de mayor tamaño alcanzó una masa crítica y en él se iniciaron reacciones de fusión nuclear capaces de desprender enormes cantidades de energía. Así fue el nacimiento del Sol. Más tarde, en torno a él empezaron a danzar el resto de cuerpos celestes, que irían anexionando material de la nebulosa conforme orbitaban al astro rey.

La Tierra fue uno de esos cuerpos celestes. Originada por el choque entre asteroides, partículas e incluso otros planetas, acabaría convirtiéndose en una bola de roca incandescente. Las erupciones volcánicas dominaban su superficie. Aquellos primeros volcanes se encargaron de expulsar gases que constituirían la atmósfera primitiva además de expeler un compuesto base para el nacimiento de la vida en el planeta: el agua.

Este capítulo de la historia terrícola se conoce como el eón Hádico, en el cual la Tierra fue enfriándose y generando la corteza terrestre. Una vez que su temperatura bajó hasta permitir la aparición de roca

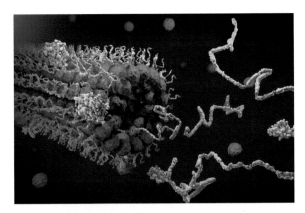

Recreación de distintas proteínas dentro de una célula como las enzimas y los microtúbulos.

sólida y firme en su superficie, el agua precipitó sobre su superficie para dar lugar a los primeros mares y océanos. Poco a poco, se fueron generando las condiciones necesarias para el surgimiento de la vida.

ORIGEN DE LA VIDA

Hoy en día, el origen de la vida sigue siendo un tema que genera debate dentro de la comunidad científica. Se han propuesto numerosas hipótesis y modelos sobre cómo nacieron los primeros seres vivos.

LA MATERIA ORGÁNICA

Para empezar, un edificio no se puede construir sin tener ladrillos, unos cimientos estables, paredes y un techo. Los organismos se conforman de moléculas específicas denominadas biomoléculas o materia orgánica. El origen de los ladrillos de la vida se ha intentado explicar desde dos puntos diferentes: o bien este tipo de moléculas se originaron en la Tierra, o bien vinieron del espacio por el aporte que dieron los meteoritos al precipitarse contra la superficie del planeta.

Dentro de la primera hipótesis se han barajado varios modelos. Uno de ellos estipula que los compuestos orgánicos surgieron gracias a la composición de la atmósfera primitiva de la Tierra que tenía una concentración mucho menor de oxígeno. Esa atmósfera junto con otras sustancias necesitó de un aporte energético como podrían haber sido las tormentas eléctricas o el propio calor del Sol o la Tierra. En esta idea se basaba el famoso experimento de Miller y Urey en el que simulaban las condiciones de la Tierra antigua consiguiendo al final del proceso distintos tipos de aminoácidos, los elementos base de las proteínas.

Otro modelo se basa en las fumarolas o volcanes submarinos. En la actualidad, estos entornos son el hogar de organismos capaces de resistir condiciones extremas. Irónicamente, muchas de las bacterias que se encuentran en esas zonas son muy simples y primitivas, muy parecidas a como podrían haber sido las primeras células. La energía del calor interno del planeta combinada con el aporte de materiales de la fumarola y la atmósfera primitiva también son unos buenos candidatos para haber configurado la cuna de la vida.

PRIMERA CÉLULA Y OTROS INTENTOS

Las primeras células surgieron de capas de lípidos que se conformaron en esferas diminutas cuyo interior encerraba distintos elementos presentes en el agua disuelta. Los lípidos o grasas son sustancias hidrófobas que tienden a rehuir el agua. Es un fenómeno que vemos continuamente al lavar los platos, cuando vemos que el aceite con el agua no se mezcla, sino que genera balsas o burbujas aisladas.

En un momento determinado, estas esferas encerraron moléculas orgánicas de distinto tipo hasta que en algunas de ellas incluyeron ácidos nucleicos (la base del ARN y el ADN) y proteínas. Finalmente, estas moléculas orgánicas comenzaron a interactuar entre ellas dentro de la célula y gracias a la evolución biológica, este proceso se refinaría hasta lo que vemos hoy.

Sin embargo, esto no fue un proceso lineal ni mucho menos. Actualmente, existen seres y moléculas con capacidades excepcionales fuera del mundo de las células. Entre ellos encontramos ácidos nucleicos que tienen la capacidad de catalizar reacciones como si fueran enzimas, mostrando un paso intermedio entre aquellas primeras membranas con distintos compuestos en su interior y las células como tal.

Los virus también son un interesante universo intermedio entre el mundo inerte y el vivo. No son capaces de nutrirse ni de relacionarse y solo se reproducen a costa de otros. Pero algunas hipótesis señalan que fueron una consecuencia de los primeros estadios de la materia orgánica uniéndose e interactuando, acabando por crear un ser mayor. En este caso, uno que cuesta definir si pertenece a los seres vivos o no.

LA FOTOSÍNTESIS
Y LA GRAN OXIDACIÓN

1| ÁRBOL FILOGENÉTICO

Se acepta que la vida procede de una forma de vida semi-microbiana normalmente referida como LUCA. En los estadios más tempranos, la vida en la Tierra se veía representada por los dominios de *Bacteria*, con una enorme diversidad de estilos de vida incluso en la actualidad, y *Archaea*, viviendo mayoritariamente en ambientes extremos. Más tarde, apareció el dominio *Eukaryota* con membranas internas generando nuevos orgánulos. Estas serían las células que originarían a los organismos pluricelulares y, posteriormente, a las plantas y los animales.

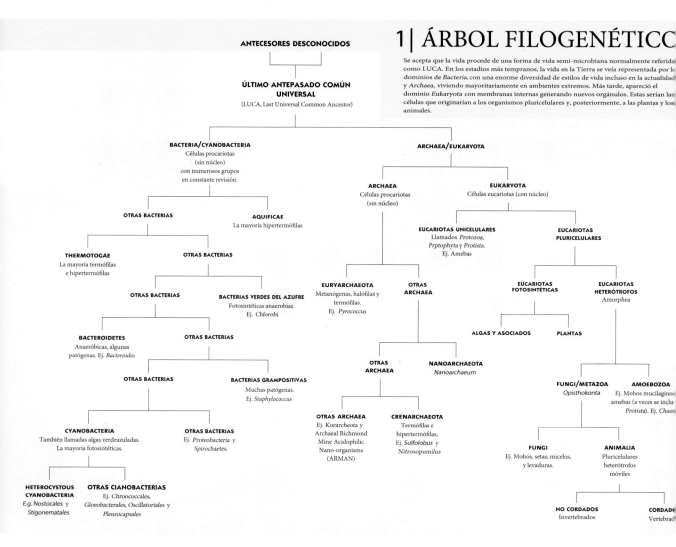

Diagrama que representa los mayores grupos que constituyen la vida en la Tierra desde los estadios más primitivos a organismos pluricelulares hasta llegar a plantas y árboles.

Las células fueron cambiando y surgieron nuevos linajes y especies. La vida prosperó en una atmósfera con poco oxígeno, ya que la mayoría de los organismos obtienen energía de otras formas, como la fermentación. Sin embargo, apareció un grupo nuevo de células, unos organismos fotosintéticos que expulsaban como residuo de su actividad un nuevo componente: O_2.

Estos nuevos organismos prosperaron liberando este gas a la atmósfera y aumentando su concentración a niveles que nunca antes se habían visto. Pero había un problema, y es que para la gran mayoría de la vida terrestre el oxígeno era un gas tóxico. El oxígeno es altamente oxidante y genera un gran número de radicales libres que deterioran el ADN de las células. Cada vez que nos echamos agua oxigenada en las heridas somos testigos de este mismo fenómeno.

Como consecuencia de esta gran liberación de oxígeno sucedió una gran extinción masiva. Mas la resiliencia de la vida volvió a salir a la luz y nuevos organismos se adaptaron al consumo del oxígeno. Resultó que la respiración celular basada en este nuevo gas aportaba mucha más energía que la fermentación, con el coste de tener que desarrollar un sistema que anulase a los radicales libres que provocan el envejecimiento celular. Irónicamente, el oxígeno que nos mantiene con vida también nos mata lentamente...

LOS ESTROMATOLITOS Y LAS PRIMERAS ASOCIACIONES

Algunos de los culpables del aumento del oxígeno terrestre y de la gran mortandad que originó fueron los estromatolitos. Los estromatolitos son cianobacterias o bacterias capaces de realizar la fotosíntesis. Estos organismos aún existen hoy en día y pueden verse en la bahía Shark de Australia.

Estromatolitos australianos. Bioconstrucciones de microorganismos fotosintéticos.

Viven en colonias y como producto de su actividad generan partículas carbonatadas dejando tras de sí biopelículas o láminas de roca, que han sido las primeras bioconstrucciones y arrecifes de la historia de la Tierra. Es más, conservamos fósiles de estos organismos datados en más de 3 500 millones de años.

Esta fue la primera vez en la historia de la vida en la Tierra en la que tuvo lugar una asociación cercana entre organismos unicelulares. El siguiente paso fue la generación de asociaciones más estrechas, tanto que algunas células comenzaron a especializarse, formando parte de algo mayor. Nacieron así los tejidos y, con ellos, los primeros pluricelulares.

EDIACARA

Tras un intenso periodo de bajas temperaturas en el que la Tierra casi en su totalidad fue cubierta por el hielo, la vida volvió a resurgir y de una forma que cambiaría la historia evolutiva del planeta para siempre. Hace 600 Ma aparecieron organismos de extrañas formas, tubulares y redondeados. Sus restos fósiles se encontraron en el yacimiento de Ediacara, en Australia. Estos fueron los primeros organismos pluricelulares, cuyo parentesco con el resto de seres vivos todavía resulta extremadamente complicado determinar. Durante años se ha propuesto la pertenencia de estos seres a distintos grupos: animales, hongos, algas... Por eso, ante la dificultad de encontrar parecido con organismos actuales, se asignó a la biota de Ediacara el nombre de Vendobionta.

Estudios más recientes consiguieron identificar moléculas de colesterol en estos organismos, una molécula que es propia de los animales, hongos y algas rojas. Quizá estemos cada vez más cerca de comprender nuestra relación con estos enigmáticos seres vivos. Pero Ediacara es tan solo el principio de otro gran viaje, el de la historia de la vida en la Tierra durante el eón Fanerozoico, desde el nacimiento de todos los linajes que conocemos hasta la actualidad. Una historia de todos aquellos que desaparecieron en el camino.

PALEOZOICO

Paleozoico

Cámbrico

Aparición de todos los linajes de animales actuales. Primeros depredadores.

Ordovícico

Primeras plantas terrestres y hongos. Diversificación de la vida marina. Primera extinción masiva de la Tierra.

Silúrico

Primeros arrecifes coralinos. Diversificación de los peces sin mandíbulas. Las plantas terrestres se extienden por la tierra.

Trilobites

Medusa

Primeros peces

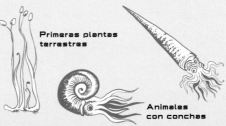

Primeras plantas terrestres

Animales con conchas

Peces blindado

Devónico

Edad de Oro de los peces. Primeros bosques. Los vertebrados llegan a tierra.Segunda extinción masiva de la Tierra.

Primer insecto

Primeros anfibios

Muchos tipos de peces

Carbonífero

Los mayores bosques de la historia de la Tierra. Aparición de los reptiles. Artrópodos gigantes.

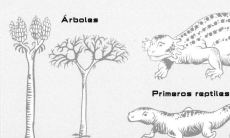

Árboles

Primeros reptiles

Pérmico

Radiación de pelicosaurios y terápsidos. Mayor extinción masiva de la historia de la Tierra.

Muchos tipos de reptiles

LA TIERRA ALIENÍGENA DEL CÁMBRICO

Formación rocosa del Cámbrico en las montañas Swietokrzyskie en Polonia.

El Cámbrico se inició hace 540 Ma y vio su fin hace 485 Ma. Fue uno de los períodos más importantes en la historia de la vida de la Tierra no solo por ser el inicio del Paleozoico, sino por suponer el origen de la vida pluricelular tal y como acostumbramos a entenderla.

En el período anterior, el Ediacárico, se había producido la fusión de todos continentes en un único supercontinente llamado **Rodinia**. Pero a medida que fue avanzando el Cámbrico este continente comenzó a fragmentarse.

CONTINENTES

Estos fragmentos fundamentalmente se agruparon en el hemisferio sur, en torno al polo, dando lugar a cuatro continentes:

Gondwana, **Laurentia**, **Siberia** y **Báltica**. Gondwana era el mayor de todos, constituido por todos los continentes que actualmente se encuentran en el hemisferio sur más gran parte de Asia y Europa. Laurentia era el siguiente en tamaño y abarcaba la mayor parte de Norteamérica. Los más pequeños, Báltica y Siberia, se corresponden con Europa del este y la región siberiana, respectivamente, tal y como su nombre indica.

Piedra arenisca del Cámbrico en Wisconsin.

CLIMA

Tras el período conocido como Criogénico, en el que el hielo pasó a cubrir gran parte de la superficie terrestre, la Tierra se fue calentando poco a poco y pasó a un período más cálido, más que el de la época actual. Fue así como se produjo un gran retroceso de los glaciares. El hielo fundido contribuyó a la subida del nivel del mar, lo que se conoce como una transgresión marina. Todo esto desencadenó la aparición de numerosos ecosistemas marinos de aguas cálidas. Y fue en el agua donde tuvo lugar uno de los eventos más importantes de la historia de la vida en nuestro planeta.

LA GRAN EXPLOSIÓN

Ya en el Ediacárico se empezaron a ver los primeros restos fósiles de organismos con exoesqueletos calcáreos. Estas nuevas estructuras duras ayudaron a la conservación de un mayor número de fósiles y, en consecuencia, a tener un mejor registro de la vida en la Tierra. Pero si seguimos avanzando por los estratos, hay un momento en el que se observa que el número de especies y organismos se incrementó enormemente. Una explosión de fósiles situada en el Cámbrico.

En el Cámbrico se originaron la mayor parte de todos los planes corporales que conforman los animales actuales. Tal fue el gran crecimiento en diversidad de formas que se dio, que este evento se conoce comúnmente como explosión cámbrica, una circunstancia que se desencadenó por la aparición de la segmentación.

Se han barajado numerosos factores que expliquen el gran aumento de la diversidad animal en este período. Uno de ellos es el posible aumento de la concentración de oxígeno. Los animales se hicieron más complejos gracias a que tenían un mayor aporte de oxígeno, lo que les proporcionaba una mejora en la respiración y, en consecuencia, una mayor obtención de energía. Sin embargo, los estudios han fallado en encontrar una subida generalizada y notable de la concentración de ese gas tan necesario para la vida pluricelular. Otra hipótesis achacaba la gran explosión a la aparición de los primeros depredadores. De este modo, se intenta explicar este aumento del número de especies animales a la clásica carrera armamentística entre depredadores y presas.

Sin embargo, este fenómeno probablemente se viera influenciado sobre todo por la aparición de la segmentación. Se trata de una novedad evolutiva que hizo que los animales bilaterales, aquellos simétricos por un único eje, se dividieran en unidades, la segmentación. El desarrollo y crecimiento pasó a realizarse por segmentos provocando un cambio en la configuración de la forma animal. Este fue uno de los factores más importantes que desembocó en el gran pico de diversidad que vemos en el registro fósil.

ALIENÍGENAS DE NUESTRO PASADO

Si hay algo que caracteriza a este período de la historia de nuestro planeta es la rareza de los organismos que lo habitaron, desde animales cuyo parentesco se ha desconocido durante años hasta organismos acerca de los cuales los expertos han debatido durante años tan solo para orientarlos bien. Aquí os presentamos algunos de sus célebres integrantes.

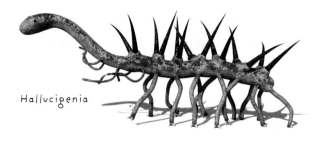

Hallucigenia

Anomalocaris: criatura extraña

Nombre: *Anomalocaris*
Dieta: carnívora
Longitud:
hasta 1 m
Periodo: Cámbrico Inferior
y Medio
Encontrado en: Canadá,
China, Australia y Estados
Unidos

El extraño cuerpo de este animal llevó a pensar en un principio que cada una de sus partes pertenecía a animales diferentes. Su cola se confundió con la de un crustáceo, su boca, con la de una medusa y el resto de su cuerpo, con una esponja. Finalmente, se comprobó que todas estas estructuras pertenecían a un único animal, uno casi alienígena.

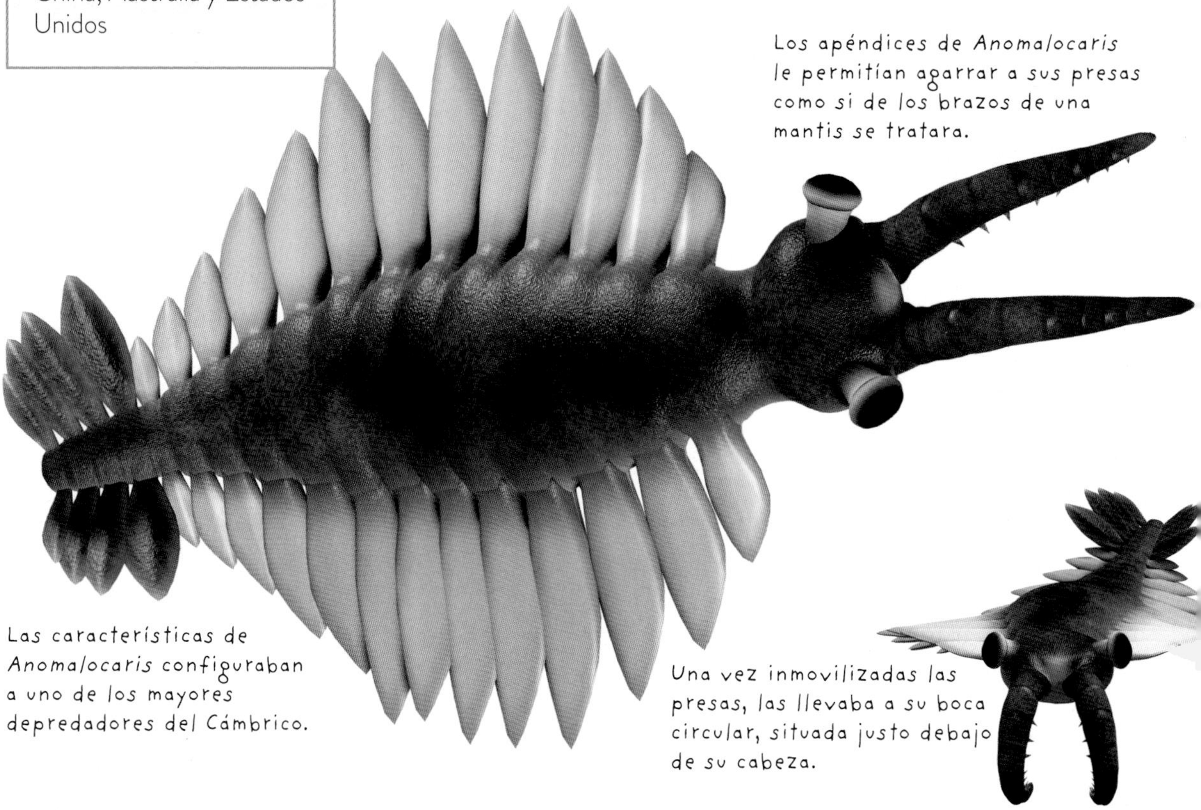

Los apéndices de Anomalocaris le permitían agarrar a sus presas como si de los brazos de una mantis se tratara.

Las características de Anomalocaris configuraban a uno de los mayores depredadores del Cámbrico.

Una vez inmovilizadas las presas, las llevaba a su boca circular, situada justo debajo de su cabeza.

Su aspecto puede recordarnos al de algunos crustáceos actuales, como las gambas o los cangrejos, pero nada más lejos de la realidad. *Anomalocaris* forma parte del grupo de animales que representan los antecesores de los artrópodos actuales, los panantrópodos. Este extraño animal cámbrico nadaba por los antiguos océanos propulsándose gracias a unas estructuras similares a palas, creando presumiblemente un movimiento ondulante con ellas. Su cabeza se caracteriza por dos elementos: sus ojos compuestos y los apéndices cercanos a la boca.

Los ojos de estos animales se cuentan entre los primeros ojos complejos y supusieron un enorme cambio para la percepción de las formas de vida de la época, una novedad evolutiva que modificaría el comportamiento y obtención de alimento de presas y depredadores.

EL PRIMER GRAN DEPREDADOR

Anomalocaris fue, sin duda, uno de los depredadores más importantes de su tiempo. Puede parecernos que su máximo de 1 metro de longitud no sea mucho comparándolo con los estándares actuales, pero para los animales del Cámbrico, que solían contar su tamaño por centímetros, era un verdadero gigante.

No solo su tamaño lo hacía ser imponente. El *Anomalocaris* presenta un rasgo que no solo lo hizo un cazador formidable, sino que fue clave para el futuro de la relación depredador-presa: sus ojos. Gracias al excelente grado de conservación de los fósiles australianos de los esquistos de Emu Bay, se ha conseguido descubrir cómo eran los órganos visuales de estos organismos. ¿La respuesta? Ojos compuestos. Los mismos que encontramos entre los artrópodos actuales, como los insectos.

LOS OJOS

Los ojos compuestos son muy distintos de los que podemos tener los vertebrados. Mientras que los nuestros están compuestos por un globo ocular con una única lente de enfoque, los compuestos se constituyen de cientos o incluso miles. Esto implica que cada omatidio solo percibe una parte de la imagen y recoge la luz en una única dirección. En consecuencia, tienen una increíble capacidad de percibir movimiento, a la vez que en ciertos casos pueden ver luz polarizada.

Este tipo de ojo es muy común en los insectos actuales, pero que se dieran en un depredador de hace 540 Ma, con una concentración de omatidios similar a la de las libélulas actuales, nos habla de qué tipo de formas de vida se estaban gestando ya en el Cámbrico. Tal agudeza visual solo podía compararse con la de sus presas, lo que motivaría la carrera evolutiva de armamentos entre depredadores y presas.

La evolución aporta nuevas características a las presas. Si estas cualidades les permiten sobrevivir a los depredadores y dejar una mayor

1. Cada omatidio formaría una tesela de la imagen que se está viendo. A más omatidios, mayor resolución.

Esqueleto externo. Estos organismos son artrópodos.

2. La visión del ojo compuesto se constituye como un mosaico.

3. Cada uno de esos ojos se denomina omatidio y está formado por una lente y una columna de fotorreceptores.

descendencia, esa característica se hereda y la población de presas evoluciona hacia nuevas formas. En consecuencia, los depredadores también sufren nuevas mutaciones y cambios. Y si alguna de estas transformaciones les permite sobrepasar las nuevas defensas de sus presas, se aseguran mejor el sustento, favoreciendo su reproducción y transmisión de este nuevo carácter. Es decir, presas y depredadores están en un cambio evolutivo constante como consecuencia de su relación. Y los primeros esbozos de esta relación pueden verse ya desde el mismo principio de la vida más compleja.

Pikaia y los primeros vertebrados

Nombre: *Pikaia*
Dieta: filtradora
Longitud: 5 cm
Periodo: Cámbrico Medio
Encontrado en: Canadá
(esquisto de Burgess)

Su cuerpo puede recordarnos al de un renacuajo o al esbozo de un pez. Tiene el cuerpo aplanado lateralmente, en forma de huso y con una única aleta caudal. Su pequeña cabeza poseía dos tentáculos, además de unos pequeños apéndices cerca de sus hendiduras branquiales. Por muy extraño que nos parezca su diseño corporal, *Pikaia* representa uno de los primeros bocetos de los vertebrados.

Pikaia, animal del Cámbrico Medio.
Representación en 3D.

*P*ikaia puede parecernos a primera vista como un organismo sin ninguna semejanza con nosotros. Pero su pequeño tamaño y aparente simpleza no deben distraernos de un detalle que será clave para la vida en la Tierra. Y es que este animal presenta los primeros esbozos de lo que será la columna vertebral, la notocorda. De esta forma, *Pikaia* representa uno de los primeros ancestros de todos los vertebrados naciendo a partir del grupo de aquellos que poseen notocorda, los cordados.

La notocorda es una estructura a modo de eje que tiene como función dar sostén a todo el cuerpo del animal y, a su vez, favorecer su movimiento en torno a esa estructura. Es decir, funciona del

mismo modo que nuestra columna vertebral. Nuestras vértebras proceden de esta estructura.

Tal como decía el filósofo y naturalista Ernst Haeckel, «la ontogenia recapitula la filogenia». Eso significa que en nuestro desarrollo embrionario vemos un reflejo de nuestro proceso evolutivo, realidad que es muy patente en la formación de la columna. Todos los embriones de vertebrados tienen notocorda, la misma estructura primitiva que tenían nuestros primeros ancestros cordados y animales contemporáneos que han mantenido ese mismo esquema corporal.

Entre los animales que aún conservan la notocorda en su fase adulta

CULTURA POPULAR

El Cámbrico ha sido una época de gran inspiración para artistas y creadores. Debido a la rareza de sus criaturas, han sido muchos los que han buscado inspiración en su registro fósil a la hora de traer a la vida alienígenas y otros monstruos. Sin embargo, la fascinación que genera en el público el origen de la vida animal tal y como la conocemos ha dado pie a numerosos documentales e incluso series de animación, como es el caso de *Pikaia!*, serie de animación de la televisión pública japonesa donde se presenta a todos estos animales.

BRANCHIOSTOMA LANCEOLATUM

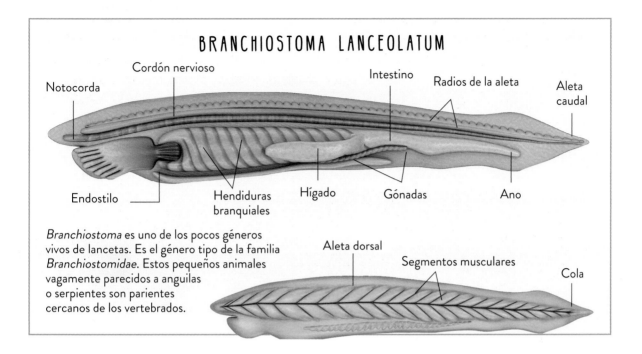

Notocorda

Cordón nervioso

Intestino

Radios de la aleta

Aleta caudal

Endostilo

Hendiduras branquiales

Hígado

Gónadas

Ano

Branchiostoma es uno de los pocos géneros vivos de lancetas. Es el género tipo de la familia *Branchiostomidae*. Estos pequeños animales vagamente parecidos a anguilas o serpientes son parientes cercanos de los vertebrados.

Aleta dorsal

Segmentos musculares

Cola

tenemos a los anfioxos, organismos que pertenecen al mismo grupo que *Pikaia*, los cefalocordados. Los cefalocordados como el pez lanceta (*Branchiostoma lanceolatum*) son animales sin vértebras o cerebro diferenciado y con órganos sensoriales muy simples. Aun así, son increíblemente parecidos a los primeros cordados que pudieron habitar nuestro planeta como *Pikaia*. Sin embargo, la evolución de los cordados no se detuvo ahí. Otros grupos animales surgirían junto a *Pikaia*, grupos con una estructura completamente nueva en la evolución animal y que está íntimamente ligada a la notocorda: la cresta neural.

La cresta neural es una población de células que se sitúan en la superficie del embrión temprano. Según avanza el desarrollo, sucede una invaginación de la superficie donde se encuentran estas células. Una vez en el interior, formarán distintas estructuras, pero hay una que destaca sobre las demás, y es que al introducirse dentro generan un tubo largo paralelo a la notocorda: el tubo neural. El tubo neural originará posteriormente todo el sistema nervioso. La evolución hará que las estructuras derivadas de la notocorda envuelvan al tubo nervioso. Es así como las vértebras protegen la médula espinal y constituyen la columna vertebral tal y como la conocemos. Pero la cresta neural no

solo origina el sistema nervioso, sino que creará huesos nuevos que generarán los primeros cráneos. Nacen así los craneados o todos los vertebrados que poseen cráneo.

En el Cámbrico tenemos ejemplos de animales que se encuentran dentro de esta transición. *Metaspriggina walcotti* encontrado en el esquisto de Burgess Shale presenta ya débiles restos de un posible cráneo y dos ojos prominentes. Otros ejemplos son el *Haikouichthys*, que presenta ya un cráneo bien definido, y *Haikouella*. Todos estos organismos son buenos modelos de cómo eran nuestros primeros ancestros.

Reconstrucción de varios *Pikaia* tal y como vivieron en los mares del Cámbrico.

Los trilobites

Esta categoría recoge un amplio abanico de fósiles de artrópodos extintos.

Conjunto de fósiles de trilobites que pueden llegar a considerarse los antecesores de los actuales artrópodos. Se han descrito cerca de 20 000 especies.

Nombre: Trilobites
Dieta: variable
Peso: desde milímetros hasta los 70 cm
Periodo: del Cámbrico al Pérmico
Distribución: global

Los trilobites son animales cuyos fósiles son muy conocidos y populares. Siempre tienen su hueco en todos los museos paleontológicos del mundo y se encuentran de todas las formas y tamaños. Pero ¿qué son exactamente?

Aunque a primera vista un trilobite pudiera parecer un crustáceo como la cochinilla, su parentesco poco tiene que ver con estos invertebrados. En realidad, los trilobites forman un grupo de artrópodos por sí solos, del mismo modo que lo hacen los insectos o los crustáceos. De hecho, los trilobites son parientes cercanos de todos los artrópodos actuales. Hoy en día se debate si son más cercanos a los quelicerados, como los escorpiones o las arañas, o los mandibulados, como los insectos, los crustáceos y los ciempiés. Aunque estudios futuros pueden arrojar luz sobre el parentesco de estos animales, sí sabemos que los trilobites son antecesores de los artrópodos que vemos actualmente.

SIGNIFICADO

Trilobites significa «tres lóbulos», haciendo referencia a las partes en las que se divide su cuerpo. En el sentido anteroposterior se encuentran el cefalón (cabeza), el tórax y el pigidio (el segmento final más grande). Lateralmente también se dividen en tres: dos lóbulos pleurales (la mitad izquierda y derecha) y el lóbulo axial (central).

Estos animales marinos poseen una diversidad de formas y estilos de vida enorme y por eso se han convertido en uno de los grupos animales más estudiados de la paleozoología. Gracias a la enorme cantidad de restos preservados en el registro fósil y a la excelente conservación de muchos de ellos

Exoesqueleto con tres lóbulos principales.

Fósil donde destaca claramente el eje principal longitudinal.

Nesuretus ovus, de forma alargada y estilizada.

hemos sido capaces de entender en gran medida a estos misteriosos animales.

DIVERSIDAD

Los 300 millones de años en los que los trilobites habitaron la Tierra dieron tiempo de sobra a que la evolución originase una enorme diversidad morfológica, de especies y estilos de vida, desde los agnóstidos, trilobites de apenas unos milímetros, con el pigidio del mismo tamaño que el cefalón, hasta *Isotelus rex*, de unos 70 centímetros de longitud. También había especies con un aspecto de lo más extravagante. Por ejemplo, el cefalón parecido a un sombrero de ala ancha de los harpétidos o los ojos pedunculados de *Asaphus kowalewskii*.

Pero los fósiles no solo son testimonio de sus rarezas morfológicas. Algunos han llegado a tal grado de conservación que los paleontólogos han podido comprobar el recorrido de su aparato digestivo, cómo eran sus larvas, sus ojos e incluso sus mudas. De hecho, también han llegado a nosotros signos de su comportamiento. Algunos de estos organismos eran capaces de enroscarse formando una bola de un modo similar al de las cochinillas actuales y tenemos individuos fosilizados en esta actitud. Del mismo modo, las crucianas, es decir, los fósiles de sus huellas, nos indican cómo se desplazaban por el sustrato.

Todas estas evidencias nos ayudan a inferir los diversos estilos de vida que llevaron estos animales. Había depredadores que merodeaban por el suelo marino en busca de gusanos, otros se alimentaban de las pequeñas partículas orgánicas que encontraban filtrando el sustrato e incluso algunos trilobites eran nadadores activos desplazándose por la columna de agua capturando plancton.

Sin duda, fue uno de los grupos más importantes de animales del Paleozoico con un éxito que los hizo vivir y diversificarse en cientos de formas. Pero como muchas otras formas de vida, no pudieron sobrevivir a las extinciones masivas. Ya la extinción masiva del Ordovícico tuvo gran mella en su linaje, pero sería la del Pérmico la que pondría fin a la existencia de estos artrópodos.

FÓSILES GUÍA

La gran abundancia de trilobites, su amplia distribución y su existencia en una era concreta de la historia de la Tierra los han convertido en unos excelentes fósiles guía. Los fósiles guía son aquellos que permiten datar estratos. La existencia de un fósil en una capa del registro geológico indica que estrato y fósil deben tener la misma edad. Si se conoce la edad del fósil, se conoce la edad del estrato en el que fosilizó, y viceversa. Es lo que se conoce en geología como principio de sucesión faunística. Los estratos pueden ordenarse en el tiempo gracias a su contenido fosilífero, ya que se depositaron en el mismo orden en el que las distintas especies vivieron y fosilizaron.

Encontrar un trilobite nos dice con toda seguridad que la roca en la que está pertenece a un momento entre el Cámbrico y el Pérmico. De hecho, si llegamos a determinar el género al que pertenece el trilobite, podemos incluso identificar el período concreto en el que vivió. En España es común encontrar restos de estos organismos e incluso sus huellas, que tienen un patrón característico de carriles entrecruzados, las conocidas crucianas.

Rastro de trilobites fosilizados en la piedra.

ORDOVÍCICO, MARES DE CORAZAS

Representación en 3D de la extraordinaria vida marina durante el Ordovícico.

El período Ordovícico se inició hace 485 millones de años y finalizó hace 443 millones de años. Durante los cerca de 42 millones de años que duró esta etapa, la vida continuó floreciendo. Proseguía así el impulso que supuso la evolución de diferentes formas biológicas durante el Cámbrico.

El geólogo Charles Lapworth, de nacionalidad inglesa, identificó dicho período en 1879 tras estudiar estratos en el norte de Gales cuya catalogación era discutida. Por aquel entonces, el debate giraba en torno a Adam Sedgwick y Roderick Murchison, geólogos británicos que consideraban que dichas rocas y fósiles pertenecían a los períodos Cámbrico y Silúrico, respectivamente. Lapworth propuso que en realidad se trataba de un nuevo período y, en honor a la tribu celta de los ordovicos, que vivieron en esa misma región, propuso asignarle el nombre de Ordovícico. Sin embargo, pasarían décadas hasta que este período fuera reconocido como tal. Finalmente, en 1960 en el Congreso Geológico Internacional se le asignó una categoría oficial.

CONTINENTES

Durante el Ordovícico, la mayoría de los continentes estaban agrupados en Gondwana, una masa de tierra que se extendía desde el norte del ecuador hasta el Polo Sur. Por otro lado, el hemisferio norte estaba ocupado por el océano Pantalasa, que era tan extenso que cubría más de la mitad del planeta. Sin embargo, también existían continentes que estaban separados de la mayoría de las tierras emergidas. Destacaban el continente Laurentia, que acabaría formando Norteamérica, y Siberia y Báltica. A los continentes anteriormente citados se les uniría Avalonia tras su separación de Gondwana, un evento que supuso la apertura del océano Rhéico y la posterior colisión entre Avalonia y Báltica durante el final del Ordovícico. El resto de regiones también estaban separadas por extensiones de agua marina, lo cual permitiría la evolución separada de sus organismos. Por ejemplo, podemos mencionar el mar de Tornquist entre Avalonia y Báltica o el océano Aegir, situado entre Báltica y Siberia.

CLIMA

El clima de la Tierra durante esta etapa fue muy caluroso debido a un intenso efecto invernadero. Esta situación desembocó en un aumento de las temperaturas, al menos durante la primera mitad del Ordovícico. Como consecuencia de dicho clima, el nivel del mar subió de forma continua hasta alcanzar los niveles más altos del Paleozoico. Por este motivo, continentes como Laurentia, Báltica o incluso Gondwana estuvieron cubiertos en gran parte por mares poco profundos. Dicho escenario generó una gran diversificación de la vida marina. Sin embargo, las aguas comenzaron a descender a finales del período. Debido al enfriamiento, la Tierra se internó en diversos eventos de glaciación, uno de cuyos efectos fue la disminución de los niveles del mar y las extinciones masivas del Ordovícico-Silúrico.

SUCESOS

Otro suceso que cabe destacar es el evento de meteoros del Ordovícico. Hace unos 467 millones de años, fragmentos de un cuerpo celeste destruido cruzaron la órbita de la Tierra, aumentando así la frecuencia con la que los meteoritos caían al planeta.

Representación en 3D de colonias de animales marinos extintos del periodo Ordovícico.

Numerosos fósiles de meteoritos han sido hallados en canteras de Suecia. Un ejemplo de ello es Österplana 065, un meteorito fósil encontrado en la cantera de Thorsberg el 26 de junio de 2011.

Al margen del desarrollo de la vida marina, también debemos destacar lo que estaba ocurriendo en los ambientes terrestres. Las algas verdes, que habían florecido hacia finales del Cámbrico, fueron probablemente el punto de inicio de la evolución de las plantas terrestres. Entre mediados y finales del Ordovícico, estos ambientes estaban colonizados por plantas no vasculares, similares a las actuales briofitas. Dicha transición no habría sido posible sin la evolución de los primeros hongos terrestres, organismos que facilitaron la colonización de la tierra debido a su simbiosis con las plantas. Mediante este sistema, los hongos aportan nutrientes a las plantas a través de las micorrizas. Muestras de este evento son los fósiles de hifas y esporas de hongos encontrados en Wisconsin que datan de hace aproximadamente 460 millones de años.

Durante el Ordovícico, la Tierra sufrió el impacto de diversos meteoritos.

Los mares del Ordovícico

Trilobite-Asaphus kowakewskii y fósil de cystoidea. Período Ordovícico.

Los mares del Ordovícico estuvieron dominados por una amplia variedad de invertebrados. Esta diversidad fue impulsada por el gran evento de biodiversificación o radiación del Ordovícico, durante el cual los animales propios del Cámbrico acabaron siendo reemplazados por una fauna paleozoica en la que abundaban las especies pelágicas. Las causas de este episodio aún son discutidas, aunque debieron de estar relacionadas con un aumento de la disponibilidad de los nutrientes. Entre dichas causas podemos mencionar la actividad volcánica, el clima cálido y la distribución de los continentes.

El evento de radiación supuso un aumento en los géneros de animales que habitaban los ambientes marinos. En particular, las especies que se alimentaban por filtración tomaron gran relevancia. Dichos animales se nutrían de la materia en suspensión o de los organismos que vivían en la columna de agua. De esta forma, los ecosistemas se volvieron más complejos que en el Cámbrico. Durante este tiempo, los artrópodos y moluscos se convirtieron en las formas dominantes de los océanos. Dentro de estos grupos podemos

mencionar a los euriptéridos y a los cefalópodos nautiloideos, como *Orthoceras*.

Los trilobites fueron uno de los grupos que más se diversificaron. Durante el Ordovícico, dichos artrópodos evolucionaron hacia formas muy distintas a los trilobites del Cámbrico. De entre los cambios más llamativos destacó el desarrollo de espinas y otras estructuras destinadas a la defensa debido a la aparición de grandes depredadores, como los euriptéridos y los nautiloideos. Otro ejemplo

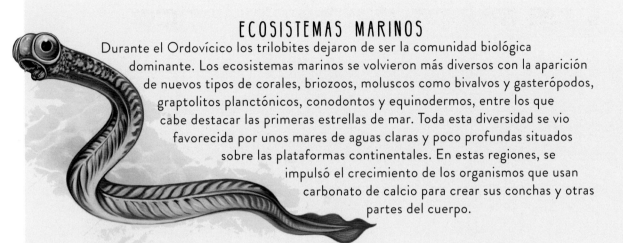

ECOSISTEMAS MARINOS

Durante el Ordovícico los trilobites dejaron de ser la comunidad biológica dominante. Los ecosistemas marinos se volvieron más diversos con la aparición de nuevos tipos de corales, briozoos, moluscos como bivalvos y gasterópodos, graptolitos planctónicos, conodontos y equinodermos, entre los que cabe destacar las primeras estrellas de mar. Toda esta diversidad se vio favorecida por unos mares de aguas claras y poco profundas situados sobre las plataformas continentales. En estas regiones, se impulsó el crecimiento de los organismos que usan carbonato de calcio para crear sus conchas y otras partes del cuerpo.

llamativo fue el trilobite *Asaphus kowalewski* (en la imagen de la página anterior), que desarrolló unos largos pedúnculos oculares. La función de estas estructuras es desconocida: quizá servían para detectar mejor el peligro, ver en condiciones de turbidez o incluso mantener la visión mientras estaban enterrados en el sustrato. De hecho, muchas especies de trilobites presentaban adaptaciones para buscar alimento entre el fango marino. Por otro lado, también surgieron formas adaptadas a la vida nadadora, como fue el caso de *Aeglina prisca*.

Uno de los grupos más destacados fueron los braquiópodos, que alcanzaron una distribución cosmopolita. El primer braquiópodo, la especie *Aldanotreta sunnaginensis*, apareció durante el Cámbrico. Durante los períodos Ordovícico y Silúrico estos animales se expandieron por los ambientes marinos y fueron muy abundantes en los ecosistemas de aguas poco profundas. Concretamente, ciertas especies vivían en grandes agrupaciones que recuerdan a las extensiones ocupadas por los mejillones actuales. Sin embargo, a raíz de la extinción del Pérmico la diversidad del grupo cayó y fueron sustituidos en gran parte por moluscos bivalvos.

Finalmente, debemos mencionar la continuación de la evolución de los vertebrados. Las formas que se desarrollaron durante el Cámbrico dieron lugar a diversos tipos de peces sin mandíbulas. Por ejemplo, los conodontos eran unos animales con un aspecto similar al de las anguilas, de pequeño tamaño, grandes ojos y hábitos filtradores que perduraron hasta comienzos del Jurásico. También destacaron los pteraspidomorfos. Dichos peces sin mandíbula se caracterizaban por tener una armadura dérmica en la cabeza y una morfología similar a la de un renacuajo. Vivían en zonas cercanas a la costa, en cuyos fondos marinos se alimentaban gracias a una boca adaptada a la succión. Algunos ejemplos de este grupo son *Sacabambaspis*, que tenía unos ojos característicos colocados frontalmente como los faros de un automóvil; *Astraspis*, hallado en Bolivia y que apenas medía 200 milímetros de largo, y *Arandaspis*, encontrado en Australia. A finales del Ordovícico también hicieron su aparición los primeros peces con mandíbulas o gnatóstomos, que acabaron dominando los mares del Devónico y dieron lugar a la Era de los Peces.

Un fósil de braquiópodo.

Los euriptéridos

Los euriptéridos son un grupo de artrópodos acuáticos que habitaron la Tierra durante el Paleozoico. Estos animales pertenecían al subfilo de los quelicerados, una clasificación que incluye artrópodos como las arañas o los escorpiones. El nombre *Eurypterida* proviene de las palabras griegas *eurús*, que significa «ancho», y *pteron*, que quiere decir «ala». Esta denominación hace referencia a los apéndices anchos que presentaban algunas especies del grupo y que servían para nadar.

Ilustración de una escena típica de los ecosistemas marinos del Devónico. Los euriptéridos se alimentaban de pequeños animales, como los trilobites, mientras que a su vez *Dunkleosteus* se alimentaba de ellos.

Estos artrópodos también son denominados escorpiones marinos. Sin embargo, no eran verdaderos escorpiones. Aunque el grupo inició su evolución en el mar, la mayoría de las especies de euriptéridos vivieron en ambientes salobres, como, por ejemplo, estuarios, o de agua dulce.

Al igual que el resto de los artrópodos, el cuerpo de los euriptéridos estaba segmentado y tenían apéndices o extremidades articulares. Un exoesqueleto, compuesto por proteínas y quitina, cubría su cuerpo. El conocido como primer par de apéndices o quelíceros, aquellos que aparecen antes de la boca, homólogos a los colmillos de las arañas, estaban provistos de pequeñas pinzas. Dichos quelíceros eran usados para coger alimento y llevarlo hasta la boca. Los euriptéridos eran carnívoros que podían capturar pequeñas presas gracias a sus apéndices espinosos, que en algunos casos estaban especializados en un tipo de comida concreto y a

veces eran bastantes grandes. Se han encontrado coprolitos de euriptéridos en yacimientos de Ohio datados del período Ordovícico que contienen fragmentos de trilobites, de peces sin mandíbula o incluso de euriptéridos de la misma especie.

Los primeros euriptéridos conocidos datan de mediados del Ordovícico, hace unos 467 millones de años. Por ello, se estima que el grupo apareció al principio de dicho período o incluso a finales del Cámbrico. Como representante del inicio del grupo podemos destacar la especie *Pentecopterus decorahensis*, descubierta en Iowa en 2010. Se estima que este animal llegó a crecer hasta 1,7 m de longitud. Probablemente vivía en ambientes salobres y tropicales situados en Laurentia.

Durante el Ordovícico, los euriptéridos se repartieron en dos tipos de ecosistemas distintos. En Laurentia habitaban especies grandes que actuaban como depredadores, mientras que en los mares de Avalonia y Gondwana aparecían especies adaptadas a la vida en el fondo marino. Si bien en el momento de su origen el grupo de los euriptéridos tenía una representación pobre, con el paso del tiempo estos artrópodos vivieron una gran explosión de diversificación. Tanto es así que se los considera el orden de quelicerados del Paleozoico más diverso, con aproximadamente 250 especies. Concretamente, la mayor variedad se produjo entre mediados del Silúrico e inicios del Devónico.

Durante el Silúrico, el género más exitoso de estos artrópodos fue *Eurypterus*. Se cree que dichos animales se alimentaban de pequeños invertebrados que capturaban en el fondo marino. Este grupo vivía en las costas y mares interiores de Euramérica o Laurusia, formado tras la fusión de Avalonia, Báltica y Laurentia, debido a que su dispersión por el resto del globo era limitada. Sin embargo, a finales del Silúrico aparecieron formas mejor adaptadas a la natación y con un tamaño mayor. Entre ellas destaca *Pterygotus*, un depredador de emboscada que alcanzó una distribución cosmopolita.

El evento de extinción de finales del Devónico tuvo un gran impacto sobre el grupo. Durante el Carbonífero y el Pérmico, las familias de euriptéridos que sobrevivieron habitaban en ecosistemas de aguas dulces. Por tanto, su desaparición de los entornos

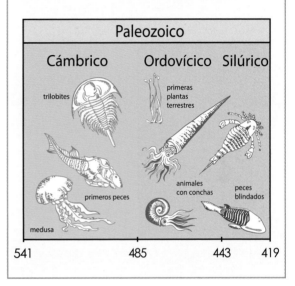

ESQUEMA DEL PALEOZOICO

Durante el Paleozoico, la vida en la Tierra estaba representada por una biodiversidad muy diferente a la que podemos apreciar en la actualidad. Destacan, por ejemplo, las grandes especies de artrópodos y moluscos.

Paleozoico

| Cámbrico | Ordovícico | Silúrico |

trilobites

primeras plantas terrestres

primeros peces

animales con conchas

peces blindados

medusa

541   485   443   419

marinos abrió el camino para la evolución de peces depredadores. En el período Carbonífero, el género *Adelophthalmus* alcanzó una distribución mundial gracias a la fusión de Pangea. El último euriptérido conocido fue *Campylocephalus permianus*, una especie que medía alrededor de 1,4 metros de longitud y que desapareció durante la gran extinción del Pérmico.

JAEKELOPTERUS

A lo largo del Devónico la diversidad de euriptéridos comenzó a decrecer. Sin embargo, durante este período cabe destacar la evolución de *Jaekelopterus rhenaniae*, especie que está considerada como el artrópodo más grande que jamás ha existido. Esta especie alcanzó los 2,5 metros de longitud. Contrasta con *Alkenopterus burglahrensis*, el euriptérido más pequeño, que medía 2 centímetros de largo. Al igual que con otros artrópodos, cuestiones como el costo del exoesqueleto, su muda o la respiración supusieron un límite al tamaño que podían alcanzar. Por eso muchos euriptéridos eran particularmente livianos.

Jaekelopterus es un género de euriptéridos depredadores, un grupo de artrópodos acuáticos extintos.

Cefalópodos nautiloideos

En el ámbito marino, el aumento de la diversidad y la complejidad de los ecosistemas tuvieron como consecuencia la aparición de grandes invertebrados depredadores. Además de los euriptéridos, cabe mencionar la evolución de cefalópodos nautiloideos como *Orthoceras regulare*. El nombre del género de esta especie significa «cuerno recto» y hace referencia a sus grandes conchas alargadas y delgadas. Los animales como *O. regulare* eran carnívoros que tenían un aspecto similar al de los nautilus modernos, con una cabeza y unos tentáculos que sobresalen por fuera de la concha.

Probablemente sus presas eran trilobites, braquiópodos, moluscos y otros pequeños animales que habitaban en el fondo del mar. Debido al tamaño del caparazón, que les habría dificultado las maniobras, se debate si eran hábiles cazadores o preferían usar métodos de emboscadas. También se ha sugerido que eran filtradores pelágicos, ocupando un nicho similar al del tiburón ballena o las ballenas barbadas.

El tipo de concha que presentaban estos cefalópodos se conoce como ortocono. Esta estructura puede reconocerse por ser recta e inusualmente larga. A lo largo de la evolución de dichos animales, en el interior del caparazón se desarrollaron una serie de cámaras unidas con un tubo o sifón. Dentro de estas cámaras podían aparecer depósitos calcáreos que servían para equilibrar la concha cuando se llenaba de gas. El tamaño de los ortoconos varió desde menos de 25 milímetros hasta varios metros. Dentro de este grupo destacan por su tamaño los géneros *Endoceras* y *Cameroceras*. Ambos pertenecían al orden de los endocéridos, animales que vivieron desde principios del Ordovícico hasta finales del Silúrico. El caparazón más grande de todos ellos, perteneciente a *Endoceras giganteum*, se calcula que midió más de 6 metros de longitud. Por su parte, algunos estudios apuntan a que *Cameroceras* podría haber alcanzado los 9 metros de longitud, aunque esta descripción es discutida entre los expertos.

Estos cefalópodos no deben ser confundidos con los amonites. Dicho grupo existió desde mediados del Devónico hasta finales del Cretácico y se caracterizaron por sus conchas enrolladas en espiral. El mayor de todos ellos fue la especie *Parapuzosia seppenradensis*, de la que se ha hallado una concha que mide 1,8 metros de diámetro, aunque se estima que habría alcanzado un tamaño de 2 a 3 metros de diámetro. En especial, las especies del género *Baculites* pueden confundirse con *Orthoceras* o los endocéridos debido a sus caparazones rectos. Este rasgo se considera un ejemplo de evolución convergente.

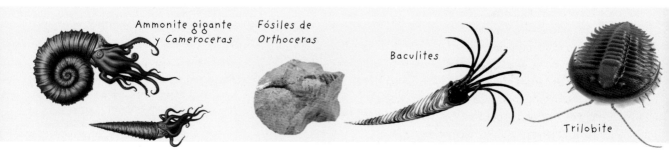

Ammonite gigante y *Cameroceras*

Fósiles de *Orthoceras*

Baculites

Trilobite

Las extinciones masivas del Ordovícico-Silúrico

Fósil de trilobite del periodo Ordovícico.

Hace aproximadamente 444 millones de años se sucedieron una serie de eventos de extinción que marcan el final del período Ordovícico. En conjunto, estos sucesos son conocidos como las extinciones masivas del Ordovícico-Silúrico. Alrededor del 85 % de las especies marinas desaparecieron tras finalizar este evento, dando paso al Silúrico. Dicha extinción masiva es considerada como la segunda mayor, por detrás de la sucedida a finales del Pérmico. Entre los grupos más afectados estuvieron los conodontos, graptolitos, braquiópodos, briozoos y equinodermos. La diversidad de trilobites también se vio muy reducida. Por otro lado, la gran mayoría de los cefalópodos endocéridos desaparecieron.

El evento de extinción se caracterizó por dos pulsos o períodos de glaciación. A medida que se producía el enfriamiento global, los glaciares crecieron en gran parte de Gondwana. Debemos tener en cuenta que el desplazamiento de Gondwana hacia el Polo Sur permitió que cada vez crecieran más las capas de hielo. El inicio de esta edad de hielo no está del todo claro. Una de sus causas pudo ser la expansión de las primeras plantas terrestres. Este fenómeno supuso el secuestro de carbono y, por tanto, un descenso de la concentración de CO_2, lo que daría lugar a una disminución del efecto invernadero. Otra posibilidad que explica la caída del CO_2 puede ser la actividad volcánica. Generalmente los volcanes se asocian con la liberación de carbono, pero también están implicados en el depósito de nuevas rocas de silicato, que extraen CO_2 del aire conforme se erosionan. Una tercera explicación implica una exposición de la Tierra a los rayos gamma, originada por el estallido de una hipernova, lo cual habría ocasionado la destrucción de gran parte de la capa de ozono.

El descenso de las temperaturas y avance de los glaciares acabó con una época de clima tropical. También implicó el descenso del nivel del mar. Por tanto, comenzaron a retirarse los amplios mares poco profundos donde había evolucionado gran parte de la vida del Ordovícico. De esta forma, desaparecieron muchos nichos ecológicos. Al finalizar este primer evento de glaciación, se produjo un regreso a unas condiciones más cálidas. Esto permitió a las especies que sobrevivieron colonizar parte de los ecosistemas. Sin embargo, el segundo evento de glaciación acabaría afectando a gran parte de esta fauna.

Las extinciones masivas del Ordovícico-Silúrico también se caracterizaron por una generalizada anoxia en los mares, es decir, la ausencia de oxígeno disuelto en el agua de mar, que se calcula que pudo durar millones de años. Sus causas son aún motivo de debate entre la comunidad científica. Sin embargo, se cree que una de sus consecuencias, además de privar de la respiración a los animales, fue la creación de productos químicos venenosos, como el sulfuro de hidrógeno.

Pterygotus era un escorpión marino depredador que vivió en todo el mundo desde el Silúrico hasta el Devónico.

SILÚRICO, EL CAMINO HACIA LA TIERRA

Las conchas de cefalópodos en forma de aguja están dispuestas en la dirección de las corrientes en este ecosistema marino fosilizado del Silúrico.

Tras la extinción masiva acaecida en el Ordovícico, la Tierra necesitó de un tiempo para recuperarse. El Silúrico empezó hace 443 Ma y vio su fin hace 419 Ma, convirtiéndose en el período de menor duración de la historia de nuestro planeta.

La fragmentación del supercontinente que fue Rodinia continuó y en esta época la Tierra terminó con un enorme continente en su hemisferio sur, Gondwana, y otros más pequeños al norte que terminarían constituyendo a Laurasia.

CONTINENTES

Sucedió también en estos años la conocida como orogenia caledoniana, es decir, el nacimiento de una nueva cordillera que formó la base de gran parte de las montañas europeas, como los Alpes escandinavos o los montes de Escocia.

CLIMA

Tras la extinción masiva del Ordovícico, las temperaturas subieron y el clima se volvió mucho más estable. El período de glaciación previo dejó paso a una etapa más cálida durante la cual el hielo de los casquetes se derritió, con lo que el nivel del mar subió y eso cambió la tierra firme expuesta de los continentes. Por ello en el Silúrico cobraron importancia los ecosistemas marinos de baja profundidad. Las aguas cálidas tropicales de los mares vieron un renacimiento de su biodiversidad y una recuperación de la extinción previa. Eso sí, sus ecosistemas y organismos predominantes habían cambiado con respecto al período anterior. La vida de la Tierra no volvería a ser la misma, y se transformaría de nuevo tras las siguientes extinciones masivas. Los papeles de esta obra de teatro se habían vuelto a repartir entre distintos actores.

FAUNA Y FLORA

Los ecosistemas de los océanos cambiaron para siempre en el Silúrico. Aparecieron los primeros arrecifes coralinos dejando atrás los que se constituían principalmente por esponjas. Además, muchos grupos de animales se enriquecieron con una enorme cantidad y variedad de especies. Ejemplos de ello fueron los crinoideos o lirios de mar, un grupo de equinodermos sésiles cercanamente emparentados con los erizos y las estrellas de mar; y los braquiópodos, animales de dos valvas muy parecidos físicamente a bivalvos como mejillones y almejas, pero con los que no guardan parentesco alguno. Trilobites, moluscos, graptolitos, corales y otros tantos grupos de invertebrados también vieron un gran esplendor en estos tiempos. Entre ellos destacaron los euriptéridos, que siguieron presentes como uno de los depredadores más importantes de los mares silúricos.

Pero los océanos no pertenecían solo a los invertebrados. Nuestros ancestros comenzaron a dar importantes pasos evolutivos en el Silúrico. Así, se evidenció la gran diversidad de conodontos y otros agnatos o peces sin mandíbulas. Pero lo más importante fue la aparición de los placodermos, los primeros peces con mandíbula que alcanzaron su edad dorada en el Devónico, la conocida como Era de los Peces. Hasta entonces, el Silúrico nos había dejado una enorme diversidad de peces sin mandíbulas, desde los osteóstracos, anáspidos a otros tantos grupos de estos animales con placas de una gran variedad de formas. Entre ellos aparecieron los primeros peces de agua dulce y los primeros condrictios, dentro de los cuales surgieron los tiburones.

Otro evento importante que aconteció en este período fue la aparición de los animales en tierra firme y la expansión de las plantas terrestres en este nuevo medio. De entonces proceden los primeros restos fósiles de plantas vasculares, así como de su consumición por parte de otros animales, y vestigios de artrópodos fósiles, los primeros animales en llegar al medio terrestre. El Silúrico vio su fin con una serie de extinciones menores provocadas por cambios climáticos, en los cuales oscilaron las temperaturas hasta llegar al Devónico.

CARYOCRINITES

Una ilustración de los equinodermos marinos extintos conocidos como *Caryocrinites*, un tipo de cistoide (género de la clase Cystoidea), que existió desde el período Ordovícico hasta el Silúrico (que ocurrió hace 427 a 419 millones de años). En el esquema que muestra el grabado del fósil se aprecia el esquema radial.

EURYPTERUS REMIPES

Una ilustración tridimensional de *Eurypterus remipes*, más conocido como escorpión marino, desde mediados del Ordovícico hasta finales del Pérmico (hace 460 a 248 millones de años). Los euriptéridos son un grupo extinto de artrópodos que están relacionados con los arácnidos e incluyen a los artrópodos más grandes que jamás hayan existido. Se extinguieron durante el Pérmico-Triásico hace 252,17 millones de años. Sus fósiles tienen una distribución casi global.

HALYSITES

'Coral de cadena' que colonizó las aguas poco profundas del mar de Wenlock durante la era Silúrica - 425 millones de años. Formas de cadena resaltadas en azul. Cada 'eslabón de la cadena' tiene 1 mm de ancho.

Halysites

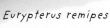

Eurypterus remipes

¿Quiénes son los agnatos?

Los agnatos son un grupo que sirve de cajón de sastre para todos los peces que carecen de mandíbulas. Es decir, es una agrupación de especies sin necesidad de que estén emparentadas entre sí. Esto se conoce como grupo parafilético, a diferencia de un grupo monofilético o natural, en el cual tenemos a un antecesor con todos sus descendientes, como es el caso, por ejemplo, de los mamíferos. Dentro de este grupo hay animales tan dispares como las lampreas, los mixinos o *Sacabambaspis*.

TIPOS DE AGNATOS

El Silúrico fue un período con una gran diversidad de peces sin mandíbulas. Esta diversidad se veía no solo en el gran número de especies que surgieron, sino también en la enorme variedad de formas y tamaños que mostraban, tal y como evidencian sus fósiles.

HETEROSTRÁCEOS

Uno de los grupos de agnatos que aparecieron en el Silúrico fueron los heterostráceos, caracterizados por unas placas en su boca que no constituían ninguna mandíbula y un único par de aberturas branquiales. Desde formas aplanadas, como *Drepanaspis*, hasta otras más fusiformes, como *Pteraspis*, todas vivían en lagos de agua salada, deltas, estuarios y algunas especies incluso en ecosistemas de agua dulce. Sin embargo, su morfodinámica nos indica que eran pobres nadadores y que principalmente se desplazaban por los fondos en busca de comida.

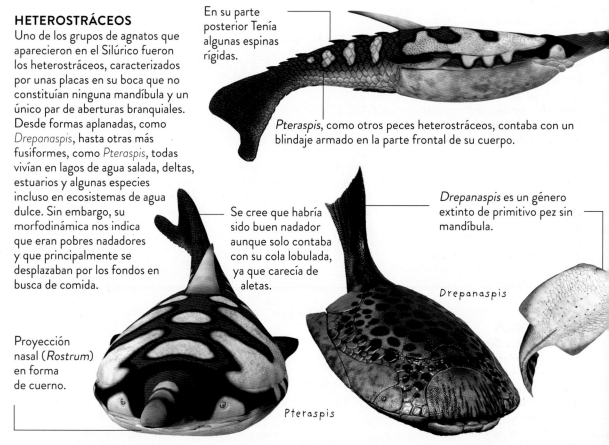

En su parte posterior Tenía algunas espinas rígidas.

Pteraspis, como otros peces heterostráceos, contaba con un blindaje armado en la parte frontal de su cuerpo.

Se cree que habría sido buen nadador aunque solo contaba con su cola lobulada, ya que carecía de aletas.

Drepanaspis es un género extinto de primitivo pez sin mandíbula.

Drepanaspis

Proyección nasal (*Rostrum*) en forma de cuerno.

Pteraspis

OSTEOSTRÁCEOS

Los osteostráceos, como *Cephalaspis*, eran el grupo de agnatos más diverso. Contaban con una coraza cefálica y unas aletas pectorales muy desarrolladas. De hecho, gracias a la configuración de sus aletas eran unos buenos nadadores. Sus restos fósiles nos muestran la impresión de su sistema nervioso, enseñándonos el cerebelo, los canales semicirculares, nervios, vasos sanguíneos..., prueba de que estos animales ya presentaban un sistema nervioso central desarrollado. Forman el grupo hermano de los gnatostomados o animales con mandíbulas, es decir, son nuestros parientes sin mandíbulas más cercanos.

Cephalaspis, con la boca directamente bajo la cabeza, pudo haberse alimentado filtrando sobre el lecho marino.

La coraza del *Cephalaspis*, como la de sus inmediatos ancestros, sería para defenderse de los predadores placodermos y euriptéridos.

Cephalaspis

ANÁSPIDOS

Los anáspidos son conocidos por una coraza ósea externa muy reducida. A diferencia del resto de agnatos, que contaban con una fuerte armadura ósea, los anáspidos tenían escamas poco mineralizadas. Eran peces de agua dulce con entre 6 y 15 pares de aberturas branquiales y una aleta caudal hipocerca, con el lóbulo inferior más largo que el superior.

PITURIÁSPIDOS

Uno de los grupos de agnatos que Los pituriáspidos, como *Pituriaspis*, poseían una coraza cefálica proyectada que les confería un aspecto similar al que tienen el pez espada y el pez sierra de nuestros días.

GALEÁSPIDOS

Los galeáspidos disponían de una única y gran placa cefálica, carecían de aletas pectorales y poseían la friolera de hasta 45 aberturas branquiales. Vivieron en una gran variedad de ambientes acuáticos tanto oceánicos como continentales.

THELODONTOS

Por último, los agnatos nos reservaron una última sorpresa: los *thelodontos*. Este grupo de peces se caracterizaba por presentar escamas únicas que se diferenciaban en función de la zona del cuerpo que cubrieran. Además, tenían otra peculiaridad, y es que eran los únicos peces sin mandíbulas que presentaban dentículos en su faringe, muy similares en composición y estructura a las escamas de los tiburones. Esta estructura era muy similar a la que surgió en los primeros peces con mandíbulas.

Lamprea boca

A pesar de la enorme diversidad de estos animales, todos estos grupos terminaron por extinguirse en el Devónico. Otros lo habían hecho antes, en el Ordovícico, como los arandáspidos. Sin embargo, esa extinción no significó la desaparición de los agnatos. En la actualidad siguen existiendo peces sin mandíbulas, como las lampreas o los mixinos, famosos por generar un fluido viscoso como defensa ante los depredadores.

IMPORTANCIA

Los agnatos constituyeron una parte importante de los ecosistemas acuáticos desde el Cámbrico hasta el Devónico. Generaron una enorme diversidad de formas y llevaron dispares estilos de vida tanto en los mares como en las aguas dulces. También siguieron una tendencia evolutiva que llevó poco a poco a generar organismos aptos para una natación activa pudiendo desplazarse por la columna de agua y explotar nuevos recursos. Tras la extinción masiva del Devónico, gran parte de estos linajes vieron su fin y los agnatos cedieron su lugar a otros animales vertebrados acuáticos, como los gnatostomados. De este modo, los mandibulados se convirtieron en los animales vertebrados predominantes.

La vida terrestre del Silúrico

Si algo caracteriza al Silúrico es el inicio de la vida pluricelular compleja en tierra firme. La vida vegetal y animal nacida en los mares y océanos comenzaba a explorar un nuevo entorno con nuevos recursos, aunque también con nuevos retos.

Los areniscas de Aberystwyth son una serie de areniscas y lutitas intercaladas, del Silúrico inferior. Estas rocas ahora están expuestas por toda la costa occidental de Gales, pero toman su nombre de la ciudad de Aberystwyth, en el centro de Gales, donde son fáciles de ver por toda la playa.

El medio acuático era mucho más estable, mientras que en tierra la pérdida de agua suponía un problema constante. Además, requería de nuevos órganos que dieran aporte de oxígeno e incluso cambiar los métodos de reproducción. Ese proceso evolutivo por el cual un grupo de organismos cuenta con el paso de los millones de años con especies nuevas que disponen de características que les permiten la adaptación a la vida terrestre se conoce como terrestrialización.

La terrestrialización de los vertebrados comenzó a darse mucho después, en el período Devónico, pero otros grupos, como algunos invertebrados y las plantas, comenzaron a dar sus primeros pasos evolutivos hacia el medio terrestre.

LAS PRIMERAS PLANTAS

El registro fósil más claro de la presencia de plantas en tierra procede del Silúrico, aunque hay evidencias del Ordovícico e incluso análisis que apuntan que el origen de este grupo vegetal podría remontarse al Cámbrico.

Los primeros colonizadores fotosintéticos fueron los líquenes, seguidos por los que serían los primeros vegetales. Las plantas tal y como las conocemos se dividen en dos grupos: plantas no vasculares y vasculares. Las plantas no vasculares son aquellas que no poseen un sistema de tubos que transportan los nutrientes por la planta. Es decir, carecen de xilema y floema y no están estructuradas en tallos, hojas y raíces reconocibles. Un buen ejemplo de ellas son los musgos.

PLANTAS NO VASCULARES

No están estructuradas en tallos, hojas y raíces reconocibles.

Líquen amarillo de la isla de Fuerteventura

Líquen verde sobre piedras

Musgo en un bosque

Musgo de árbol

Por otra parte, las plantas vasculares presentan un xilema y un floema y comienzan a mostrar una mayor estructuración de sus órganos. Aquí incluimos como grupo o taxón más primitivo a los helechos o colas de caballo que se reproducen por esporas y no tienen raíces ni hojas verdaderas. Dentro de este grupo se encuentra el resto de plantas terrestres gimnospermas y angiospermas que tienen raíces, tallos, hojas y se reproducen por semillas. Sabiendo esto, en el Silúrico ya había ejemplares de plantas vasculares. Un ejemplo de ellos es *Cooksonia*, que se caracterizaba por tener una disposición similar a la de un musgo. Eran organismos que crecían a ras del suelo y solo se alzaban en perpendicular sobre él sus estructuras reproductoras. En este sentido, tenían un esquema parecido a un hongo y sus setas, a excepción de que

PLANTAS VASCULARES

Helecho

Esporas en una hoja de helecho

los musgos no están bajo tierra. *Cooksonia* carecía de hojas y solo poseía unos tallos rastreros y otros que se elevaban para desembocar en unas estructuras abultadas donde se disponían sus gametos y esporas. Plantas como esta muestran el comienzo de los primeros vegetales terrestres que no solo aportarían oxígeno y cambiarían el suelo, sino que iniciarían una estrecha relación con los animales.

ANIMALES EN TIERRA

Fue también en el Silúrico cuando los animales comenzaron a caminar por primera vez en tierra. La vida terrestre tenía el gran inconveniente de estar sujeta a la pérdida de agua. Si no se contaba con un aparato respiratorio que pudiera tolerar la sequedad o de una cubierta corporal que evitase la pérdida de agua, la vida en estos terrenos era imposible.

Nuestros ancestros vertebrados necesitaron de millones de años más antes de presentar las novedades evolutivas que les permitieron ir adentrándose en este nuevo entorno. Pero otros animales ya empezaron a mostrar adaptaciones a la vida terrestre. Y los primeros animales que caminaron por tierra firme fueron los artrópodos. Uno de los primeros grupos en llegar a tierra fueron

los escorpiones primitivos, similares a los que podemos encontrarnos actualmente. La presencia de estos depredadores nos indica también la de sus presas. Es decir, ya se empezaron a configurar los primeros ecosistemas terrestres. Las evidencias de ello son los coprolitos, heces fosilizadas dejadas probablemente por milpiés en algunos de los primeros fósiles de plantas terrestres.

ARTRÓPODOS

Escorpión

Los primeros condrictios

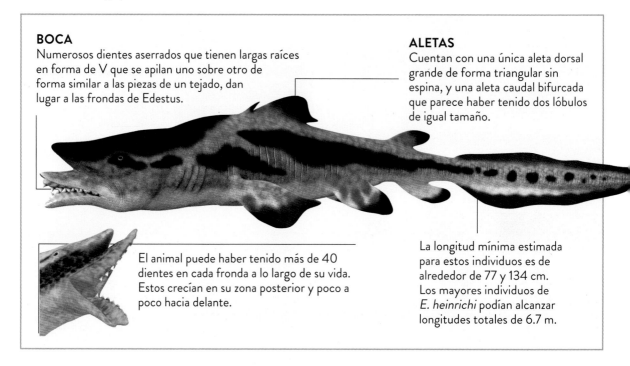

BOCA
Numerosos dientes aserrados que tienen largas raíces en forma de V que se apilan uno sobre otro de forma similar a las piezas de un tejado, dan lugar a las frondas de Edestus.

ALETAS
Cuentan con una única aleta dorsal grande de forma triangular sin espina, y una aleta caudal bifurcada que parece haber tenido dos lóbulos de igual tamaño.

El animal puede haber tenido más de 40 dientes en cada fronda a lo largo de su vida. Estos crecían en su zona posterior y poco a poco hacia delante.

La longitud mínima estimada para estos individuos es de alrededor de 77 y 134 cm. Los mayores individuos de *E. heinrichi* podían alcanzar longitudes totales de 6.7 m.

El origen de los condrictios o peces cartilaginosos ha sido motivo de discusión en la comunidad científica. La hipótesis predominante pone el foco de su nacimiento en un grupo de peces conocido como acantodios, peces con caracteres tanto de condrictios como de peces óseos.

Hoy en día, los acantodios son considerados por muchos como un grupo parafilético, al igual que los agnatos. De esta forma, los primeros restos fósiles que encontramos de peces cartilaginosos son escamas fósiles datadas en 430 Ma, en el Silúrico.

CARACTERÍSTICAS

Los huesos comienzan su desarrollo a partir del cartílago. El cartílago configura la base sobre la cual se irá poco a poco mineralizando, incorporando calcio y convirtiendo su tejido cartilaginoso en tejido óseo. Así es como surgen nuestros huesos cuando crecemos. En el caso de los condrictios, la evolución dio un paso atrás al desarrollo. En su caso, originalmente poseían un esqueleto óseo mineralizado, como la gran mayoría de los peces actuales. Los condrictios, por otra parte, se caracterizan por una inusual novedad evolutiva: sus esqueletos previamente óseos volvieron a ser de cartílago como en sus

antepasados. Este fenómeno se conoce como reversión, es decir, la vuelta de la evolución de un grupo de organismos a una condición primitiva. No debemos olvidar que la evolución no es un proceso lineal, no tiene una meta.

En consecuencia, los condrictios no eran tan primitivos como previamente se pensaba, ya que en vez de representar el estado evolutivo más ancestral de los vertebrados eran una modificación de características más derivadas. Así, los condrictios solo conservaban dos elementos con tejido óseo: sus escamas y dientes. La falta de calcio y osificación en su esqueleto hizo que fuera muy difícil que sus restos fosilizasen. Suelen conservarse de ellos las escamas y dientes, que nos permiten determinar las especies que existían en el pasado, además de fósiles de excelente conservación.

Este animal acuático que pervive en la actualidad se caracteriza por ser un gran nadador gracias

Representación gráfica del tiburón prehistórico *Orthacanthus*.

El tiburón pintarroja colilarga ocelada (*Hemiscyllium ocellatum*).

IMPORTANCIA Y SITUACIÓN ACTUAL

Tiburones, rayas, mantas, quimeras... Todos estos animales constituyen una parte importante de los ecosistemas actuales, pero también tuvieron un papel relevante en el pasado fósil. Durante millones de años han sido de los depredadores más exitosos del océano, constituyendo un grupo que ha sobrevivido a casi todas las extinciones masivas de la Tierra. Sin embargo, estamos viviendo un período en el cual sus poblaciones se están desplomando.

Según la Unión Internacional para la Conservación de la Naturaleza (IUCN), un tercio de todas las especies de condrictios del planeta se encuentran amenazadas. Al ser especies con ritmos de crecimiento lentos y unas tasas reproductivas bajas por engendrar pocos ejemplares son especialmente vulnerables a la sobrepesca. A esto hay que añadir la contaminación de las aguas, el deterioro de sus hábitats y el cambio climático. Y a pesar de todo esto, los tiburones siguen presentando una mala fama. No es raro el relato del tiburón comehombres, un temor posiblemente exagerado a la luz de los datos. Así, solo en Estados Unidos muere una persona al año por ataques de tiburón cuando por agresiones de vacas fallecen 20 en ese mismo espacio de tiempo. En el mundo suceden de media 77 ataques de tiburón anuales, de los cuales solo el 10 % son fatales. Sin embargo, los humanos matamos todos los años 100 millones de ejemplares, 11 416 cada hora. Muchos de ellos mueren por la obtención de sus aletas como suvenires o para hacer la famosa sopa de aleta de tiburón. Los pescan, les cortan todas las aletas y son arrojados al mar. Incapaces de moverse, el agua no puede circular por sus branquias y mueren asfixiados en el fondo del mar.

a un gran desarrollo de sus aletas. También se ha mantenido como uno de los depredadores más importantes de las faunas marinas primero por su capacidad natatoria y luego por sus mandíbulas. Sus dientes se reemplazan continuamente. De hecho, los dientes de los tiburones jóvenes cambian semanalmente: se agrupan en filas dentro de la mandíbula de forma que los interiores a medida que crecen se mueven hacia el exterior, reemplazando a los externos. Un único individuo puede tener cientos de dientes que va cambiando y perdiendo durante toda su vida.

Sin embargo, no solo es importante la cuestión del número. En función del grupo, estos dientes, todos ellos serrados, pueden tener distintas formas, desde contar varias cúspides, como en algunos tiburones fósiles, o ser pequeños y cortos, como en el caso de algunas rayas.

DEVÓNICO, LA EDAD DE ORO DE LOS PECES

El Devónico comenzó hace unos 419 millones de años y finalizó hace unos 358 millones de años. Este período abarcó aproximadamente 60 millones de años. La definición de esta etapa de la Tierra surgió tras una discusión científica, conocida como la gran controversia devónica, que tuvo lugar durante el siglo XIX.

Arriba, a la izquierda, hermosa imagen del impresionante paisaje de Blackchurch Rock (Reino Unido) en la formación geológica del Devónico. Abajo, a la derecha, acantilado marino con afloramientos de arenisca del Devónico. Durante la tormenta, nichos y cuevas fueron arrastrados por las areniscas, se formaron columnas de arenisca.

En este debate destacó la figura del paleontólogo británico Roderick Murchison, quien en 1834 mostró su desacuerdo con Henry de la Beche, geólogo británico, acerca de la datación de plantas fósiles encontradas en carbón de yacimientos situados en Devon, en el suroeste de Inglaterra. El fin de la discusión académica sucedió en 1840, cuando Murchison descubrió en Rusia un estrato similar que demostraba la existencia del período. Por tanto, el nombre Devónico hace referencia al condado de Devon, ya que allí se encontraron las primeras rocas de dicho tiempo.

CLIMATOLOGÍA

El clima del Devónico se caracterizó por ser cálido, lo cual probablemente causó el derretimiento de los glaciares y capas de hielo. Las regiones terrestres situadas en el ecuador sufrieron una climatología muy árida y seca. Se ha calculado que, durante el inicio del Devónico, los océanos y mares situados en las zonas tropicales tenían una temperatura promedio de 30 ºC. Sin embargo, con el paso del tiempo la concentración de CO_2 atmosférico disminuyó de forma considerable. Por tanto, a mediados del período las temperaturas fueron menores. Entre otras causas, dicho

Paisaje de la cordillera de Sunduki ubicada en
el valle del río Bely Iyus en Khakassia, Rusia.
Montaña de arenisca del Devónico con un pequeño
lago al pie.

Acantilados de granito rojo y pila de mar en
Muckle Roe, Shetland, Reino Unido. Son rocas
ígneas del Devónico, de hace 359 a 383 millones
de años.

enfriamiento se atribuye en parte al desarrollo de
las plantas sobre los continentes, lo que supuso el
secuestro del carbono atmosférico. Finalmente, el
clima se volvió más cálido al final del Devónico.

PALEOGEOGRAFÍA

Los principales continentes del Devónico fueron
Gondwana, situado en el sur, Siberia, en el norte, y
Euramérica o Laurusia. Esta última región se creó
a principios del período tras colisionar Laurentia y
Báltica. Además, el acercamiento entre Euramérica y
Gondwana tuvo como consecuencia una gran actividad
tectónica que provocaría el aumento de diversas
montañas. Dicho evento es considerado como una de
las primeras etapas del ensamblaje de Pangea.

Debido a las altas temperaturas, los niveles del mar
eran elevados en toda la Tierra. Esta condición
permitió la aparición de mares poco profundos
que fueron habitados por organismos creadores de
arrecifes. El océano Pantalasa, que cubría una gran
extensión del planeta, seguía siendo la masa de agua
de mayor tamaño. Otros océanos menores fueron el
océano Paleo-Tetis, el océano Reico o el océano Ural.

La diversidad marina del Devónico incluía briozoos,
braquiópodos, crinoideos, ciertos grupos de
trilobites, corales y otros organismos formadores de
arrecifes. Hace unos 400 millones de años, también
surgieron los primeros amonites.

Los arrecifes del Devónico los conformaban
organismos que secretaban carbonatos, creando

formaciones de cientos de kilómetros. Durante
las épocas más frías del Devónico los corales
destacaban entre las especies dominantes en este
tipo de estructuras. Sin embargo, en los momentos
más cálidos los arrecifes fueron construidos por
cianobacterias o esponjas estromatoporoides.

Con respecto a la fauna, debemos mencionar la
disminución de la diversidad de los ostracodermos
(peces con armadura y sin mandíbula), mientras que
los peces con mandíbula comenzaron a dominar tanto
los ambientes marinos como los de agua dulce. Entre
ellos despuntaron los placodermos. La gran diversidad
de peces durante el Devónico es el motivo por el que
este tiempo es conocido como la Era de los Peces.

En cuanto a los ambientes terrestres, cobraron especial
relevancia el desarrollo y la diversificación de las plantas
vasculares con esporas. Estas especies formaron
extensos bosques que cubrían todos los continentes,
donde también se establecieron diversos artrópodos.
En este punto cabe mencionar a los primeros insectos,
que hicieron su aparición hace 416 millones de años. A
mediados del Devónico surgieron varios grupos de plantas
con verdaderas hojas y raíces, mientras que a finales del
período evolucionaron las primeras plantas con semillas.

De entre la biota terrestre destacaron los hongos del
género Prototaxites, de principios del Devónico, que
es considerado el organismo terrestre más grande de
su tiempo. Sus cuerpos fructíferos, unas estructuras
similares a un tronco sin ramas que conocemos por
restos fósiles, medían entre 1 y 8 metros.

La Era de los Peces

Fósiles de varias especies de peces placodermos que habitaron en el Devónico.

Durante el Devónico los peces experimentaron una gran diversificación, motivo por el que este período es conocido también como la Era de los Peces. Muchos de estos animales pertenecían a la clase de los placodermos. Dicho grupo surgió a finales del Silúrico y fue muy importante durante todo el Devónico.

Una de las características principales de los placodermos eran las placas óseas que presentaban en la parte anterior del cuerpo. Además, pertenecían al grupo de vertebrados con mandíbulas, aunque no tenían verdaderos dientes. En su lugar, desde las placas óseas surgían proyecciones afiladas que ejercían la función de dientes. A este respecto, *Compagopiscis* representa una excepción, ya que además de contar con dichas placas dentales, tenía dientes verdaderos.

De entre todos los placodermos, el orden *Arthrodira*, o los artrodiros, fue el más diverso y exitoso de estos peces. Uno de sus primeros representantes fueron las especies del género *Arctolepis*, cuyos cuerpos eran aplanados y estaban cubiertos por una suerte de armadura. Sin embargo, conforme avanzó el tiempo, el grupo se diversificó. Los fósiles descubiertos han demostrado que ocuparon gran variedad de nichos ecológicos, desde depredadores hasta detritívoros.

A diferencia de otros placodermos, las mandíbulas de los artrodiros alcanzaban una apertura más grande gracias a diversas adaptaciones. Además, sus ojos estaban protegidos por un anillo óseo, característica que recuerda a la anatomía de ciertos ictiosaurios o de las aves modernas.

DUNKLEOSTEUS, EL SUPERDEPREDADOR DEL DEVÓNICO

Los peces del género *Dunkleosteus* representan uno de los grupos más llamativos de los artrodiros. Estos depredadores de gran tamaño, que alcanzaban entre 3 y más de 8 m de longitud, habitaron los mares durante el final del Devónico.

La especie más grande descrita es *Dunkleosteus terrelli,* cuyo tamaño rondaba los 8 m de longitud y las 4 toneladas de peso. Dado que sus fósiles han sido encontrados en diversas regiones, se cree que tenían una amplia distribución. Según algunas investigaciones, *D. terrelli* podría considerarse un superdepredador que se alimentaba de otros depredadores. Estos peces eran capaces de abrir y cerrar rápidamente sus mandíbulas, aprovechando de esta forma tanto la succión como la fuerza de mordida. Se estima que realizaban dicho ataque con una velocidad de entre 50 y 60 milisegundos. Debido a que parte de su cuerpo estaba blindado, se cree que *Dunkleosteus* era un nadador lento y, por tanto, un depredador de emboscada que acechaba presas como amonites y otros placodermos. En el registro fósil se han encontrado bolas de espinas o restos semidigeridos, lo cual indica que estos peces regurgitaban los huesos y las partes más duras que no eran capaces de digerir. De momento, se han descrito alrededor de diez especies de *Dunkleosteus.* Por ejemplo, *D. amblyodoratus,* que medía alrededor de 6 m de longitud, o *D. raveri,* cuyo tamaño no superaba 1 m de longitud.

DIVERSIDAD DE PECES

Durante el Devónico aparecieron otros placodermos depredadores de gran tamaño. Podemos mencionar a *Dinichthys herzeri,* que alcanzaba un tamaño similar a *Dunkleosteus* y además ocupaba el mismo nicho ecológico. Otro ejemplo son las especies del género *Eastmanosteus,* que medían alrededor de 3 m, aunque se considera que eran depredadores más activos.

Entre los placodermos artrodiros también había especies de pequeño tamaño, con diversas formas y posición ecológica distinta. Es el caso de *Rolfosteus,* que tan solo medía unos 15 cm de largo. Este grupo, junto con *Fallacosteus,* representa a especies con cabezas aerodinámicas en forma de bala, lo cual parece indicar que eran nadadores activos. Por otro lado, debemos mencionar a los placodermos herbívoros, como *Holonema,* o incluso filtradores. Concretamente, los peces del género *Titanichthys* eran animales de gran tamaño, medían alrededor de 8 m de largo, que se alimentaban mediante la filtración de pequeños animales u organismos del fitoplancton. Esta característica los convierte en el primer gran vertebrado conocido que se alimentaba por filtración.

El hallazgo de fósiles de *Incisoscutum* que contienen fetos sin nacer parece indicar que los artrodiros eran animales vivíparos, es decir, que daban a luz a crías vivas.

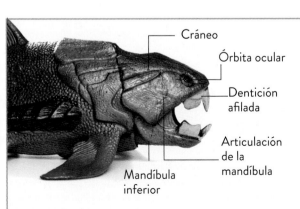

Cráneo
Órbita ocular
Dentición afilada
Articulación de la mandíbula
Mandíbula inferior

DUNKELEOSTEUS TERRELLI
El nombre de este género significa «hueso de Dunkle», y hace referencia a David Dunkle, paleontólogo estadounidense que destacó en el campo de la paleoictiología. Por otro lado, la especie *D. terrelli* fue descrita originalmente dentro del género *Dinichthys* en el año 1873. El epíteto específico fue elegido en honor a Jay Terrell, geólogo estadounidense descubridor del fósil.

Bothriolepis, un pequeño pez blindado

Los placodermos representan a un variado grupo de peces. Dentro de esta clasificación destacó el orden *Arthrodira*, donde encontramos depredadores como *Dunkleosteus*. Sin embargo, los placodermos también están conformados por otros órdenes.

Fósil que muestra un pez acorazado del género *Bothriolepis* en el Museo de Historia Natural de Viena, Austria.

Los antiarcos, o *Antiarchi*, son considerados el segundo orden más importante dentro de los placodermos. Esto es debido al número de especies y a los diferentes ambientes donde vivieron. Inicialmente, los primeros fósiles de antiarcos se hallaron incompletos y muy degradados. Por este motivo su descubridor, el paleontólogo estadounidense Edward Drinker Cope, los confundió con los tunicados, unos animales completamente distintos.

Al igual que otros placodermos, la característica principal de los antiarcos era su cuerpo blindado con un esqueleto dérmico compuesto por tres capas. Exactamente el escudo estaba centrado en la parte frontal, de manera que su aspecto ha sido comparado con el de una caja con ojos. Por otro lado, en la parte trasera tenían una cola que podía presentar escamas o estar desnuda para facilitar el movimiento sinuoso. Otro de sus rasgos llamativos eran sus aletas pectorales, que habían adoptado la forma de extremidades articuladas.

Uno de los géneros más conocidos de los antiarcos es *Bothriolepis*. Estos peces, que vivieron a mediados del Devónico, fueron un grupo muy extendido, abundante y diverso. Se han descrito más de 60 especies de este género, que habitaron en una gran variedad de ambientes tanto marinos como de agua dulce. Se cree que en su mayoría eran animales de

La costa norte de Devon cerca de Lee Bay muestra los estratos de pizarra inclinadas de la Formación Morte Slates, roca sedimentaria formada en el Período Devónico. Tomada desde el camino de la costa suroeste.

entornos como ríos y lagos, aunque también habrían sido capaces de adentrarse en ecosistemas de agua salada localizados en las costas.

La mayoría de especies eran pequeñas, con un tamaño medio de aproximadamente 30 centímetros de longitud. Cabe destacar la especie *Bothriolepis rex*, que llegó a alcanzar una longitud estimada de 1,70 m y fue descrita en el año 2016 tras estudiar fósiles hallados en Canadá. La armadura de *B. rex* era muy densa y gruesa, motivo por el que debió servir como protección contra los depredadores, así como de sistema de lastre para mantener al animal en el fondo del agua.

Como ocurre con muchas especies conocidas a partir de sus restos fósiles, se ignora la anatomía de sus tejidos blandos por la descomposición sufrida tras el proceso de fosilización. Sin embargo, en determinadas ocasiones las condiciones han permitido la preservación de tejidos blandos. Este tipo de registro ha tenido lugar con algunos ejemplares de *Bothriolepis*, proporcionando información valiosa sobre la anatomía interna de estos animales. De esta forma, se ha descrito parte del sistema digestivo de *Bothriolepis* (por ejemplo, la cavidad bucal, la faringe, el esófago, el estómago o los intestinos), así como del sistema respiratorio, que se basaba en un conjunto de branquias protegidas por opérculos laterales.

Al igual que otros antiarcos, los peces del género *Bothriolepis* habitaron en la región bentónica de ecosistemas acuáticos. Teniendo en cuenta la

CARACTERÍSTICAS FÍSICAS DEL *BOTHRIOLEPIS*

El escudo de la cabeza de *Bothriolepis* presentaba dos aberturas. Una de ellas estaba situada en la parte superior, donde se encontraban los ojos y fosas nasales, mientras que la boca se localizaba en la apertura de la parte inferior.

Las aletas pectorales de estos peces tenían forma de espinas con cierto grado de articulación en la base y a la mitad de la estructura.

Debido a este inusual aspecto, se han sugerido diversas hipótesis sobre su función. Algunos investigadores han propuesto que estas aletas les servirían para levantar el cuerpo del fondo antes de comenzar a nadar, ya que el denso esqueleto dérmico les habría hecho hundirse.

Por otro lado, también serían útiles para moverse por el sedimento o incluso enterrarse.

posición de la boca en el lado ventral de su cabeza y la anatomía digestiva, su alimentación fue detritívora, es decir, dichos animales se nutrían tomando bocados de lodo o sedimentos donde se acumulaban materia orgánica, microorganismos y algas.

Los fósiles de *Bothriolepis* se han hallado en estratos que datan desde mediados hasta finales del Devónico, hace entre 387 y 360 Ma. Muchos de estos restos fueron descubiertos en grandes grupos en yacimientos de Asia, Europa, Australia y otras regiones del planeta. Por tanto, el género tuvo una distribución cosmopolita. Al igual que el resto de placodermos, las especies de *Bothriolepis* desaparecieron tras la sucesión de extinciones masivas que tuvieron lugar a finales del Devónico.

La explosión vegetal del Devónico

La vegetación parecida a musgos que se desarrolló durante el Silúrico fue desplazada por especies de plantas más complejas a lo largo del Devónico. Esta evolución tuvo como consecuencia la creación de suelos más estables y la ampliación de nichos ecológicos disponibles para animales como los artrópodos.

Increíbles patrones naturales de esporas de helecho. Los helechos aparecen por primera vez en el registro fósil hace unos 360 millones de años, entre finales del período Devónico y principios del Carbonífero.

Durante este período tuvo lugar la explosión del Devónico, un evento que sucedió hace entre 359 y 419 millones de años. El acontecimiento, que es comparado con la explosión cámbrica, supuso una gran diversificación de la vida vegetal terrestre que verdeció el globo. Se considera que dicha expansión impactó en la biota que habitaba el suelo de la tierra, pero también en la atmósfera y en los océanos. Una de las causas de dicha diversificación vegetal fue la competencia por la luz y el espacio disponible en la tierra, lo que impulsó el crecimiento vertical de las plantas.

LAS PLANTAS AL COMIENZO Y MEDIADOS DEL DEVÓNICO

A comienzos del Devónico, el paisaje terrestre estaba formado por una vegetación de baja altura. A diferencia de las plantas actuales, aquellas especies no tenían raíces u hojas verdaderas. La estructura de dichas plantas consistía en ejes dicotómicos y con cápsulas en los extremos donde tenía lugar la formación de las esporas. Este era el aspecto de, por ejemplo, *Cooksonia* y *Drepanophycus*. La propagación se sucedía mediante crecimiento vegetativo y esporas. De esta época se pueden detectar ejemplos de las adaptaciones que fueron fundamentales en tiempos posteriores. Tal fue el caso de la especie *Armoricaphyton chateaupannense*, que habitó hace 400 millones de años, donde ya se observaban indicios de tejido leñoso.

Asteroxylon fue otro ejemplo de la flora dominante durante los primeros millones de años del Devónico. Este género presentaba tallos ramificados que no crecían más de 40 cm de longitud y 12 mm de diámetro. Dichos tallos no tenían hojas y surgían de rizomas que, aunque podían enterrarse varios centímetros en la tierra, no eran raíces reales. Adaptaciones como el tejido leñoso o un sistema vascular más eficaz proporcionaron a las plantas la posibilidad de alcanzar una mayor altura. Por tanto, lograron más ventajas para competir por la luz solar necesaria en la realización de la fotosíntesis. Además, al ser más altas, podían dispersar mejor sus esporas a través del viento. De esta forma, a mediados del Devónico, hace unos 390 millones de años, surgieron bosques de porte arbustivo con plantas que ya presentaban raíces y hojas. Durante esta época aparecieron los primeros árboles, que se beneficiaron de la capacidad para crear lignina, una molécula que confiere rigidez a sus tejidos. En

este tiempo destacó el género *Wattieza*, pariente de los helechos y las colas de caballo actuales. Estas plantas, que datan de hace aproximadamente 385 millones de años, son consideradas como los árboles más antiguos conocidos. Llegaron a crecer hasta los 8 m de altura, puede que más, y se reproducían mediante esporas. También cabe mencionar la aparición de *Rellimia*, una progimnosperma que ya presentaba madera verdadera.

LA EXPANSIÓN DE LAS PLANTAS

La explosión del Devónico resultó en el desarrollo de los suelos gracias a la expansión de las raíces. Esto tuvo como consecuencia cambios en la meteorización de las rocas y, por tanto, en la cantidad de sedimentos y nutrientes que llegaban a los ecosistemas marinos. Por otra parte, la expansión de las plantas provocó la reducción de los niveles de CO_2, mientras que la concentración de oxígeno aumentó. Dichos efectos tuvieron un impacto mundial tanto en la atmósfera como en los océanos y, según algunas hipótesis, acabaría desembocando en la extinción masiva del Devónico.

Asteroxylon

LOS BOSQUES DE FINALES DEL DEVÓNICO

Hace unos 370 millones de años, a finales del Devónico, las progimnospermas asumieron un gran protagonismo.

En estos bosques también destacaban especies de licofitas, como *Lepidodendron*, conocido como árbol con escamas. Estas plantas alcanzaban los 50 m de altura, tenían un ancho de casi 2 m de diámetro y contaban con un tronco cubierto con un característico patrón de rombos.

El género *Archaeopteris* representa a especies que se reproducían mediante esporas, producían madera y crearon extensas formaciones boscosas. Dichas plantas podían crecer hasta los 30 m de altura.

Además, la vegetación también estaba compuesta por equisetos o colas de caballo, como, por ejemplo, el género *Calamites*, que alcanzaban una altura superior a 20 m, y helechos productores de semillas, como *Elkinsia*.

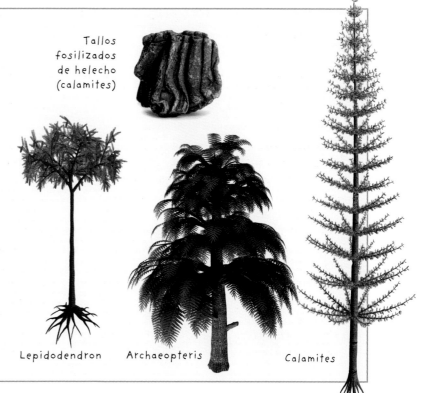

Tallos fosilizados de helecho (calamites)

Lepidodendron   Archaeopteris   Calamites

El camino a tierra

A finales del Devónico, un grupo de vertebrados inició el camino hacia la conquista del medio terrestre. Dicho paso está representado por una secuencia de géneros, los cuales presentaban adaptaciones que, con el paso del tiempo, permitieron el abandono del medio acuático.

Ichthyostega, un animal que habitó durante el Devónico. Podía llegar a crecer hasta los 1,80 m de longitud y pesar más de 80 kg.

Uno de los primeros animales que podemos mencionar de finales del Devónico son los peces del género *Eusthenopteron*, que surgieron hace unos 385 millones de años. Dichos animales pertenecían al grupo de los sarcopterigios, o peces con aletas lobuladas, y tenían un estilo de vida estrictamente acuático. Por otro lado, hace aproximadamente unos 380 millones de años existía *Panderichthys*, que también era un pez sarcopterigio y presentaba adaptaciones para la vida en aguas poco profundas.

En 2004 se hallaron en la isla canadiense de Ellesmere los primeros fósiles de *Tiktaalik*. Al igual que los anteriores casos mencionados, se

EXTREMIDAD ANTERIOR DE *ICHTHYOSTEGA*

Húmero

Falanges

Radio
Carpo

Metacarpo

Ilustración de la extremidad anterior de *Ichthyostega* que muestra falanges, cúbito, radio, húmero, carpos, metacarpianos.

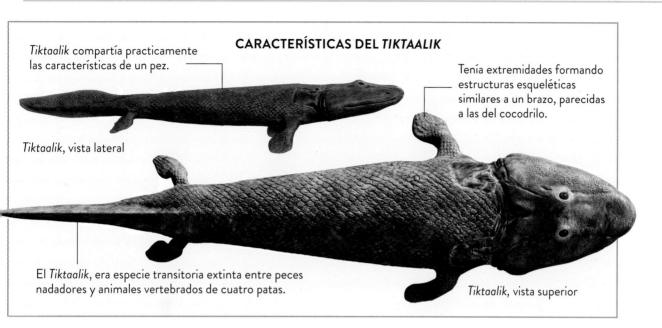

CARACTERÍSTICAS DEL *TIKTAALIK*

Tiktaalik compartía practicamente las características de un pez.

Tiktaalik, vista lateral

Tenía extremidades formando estructuras esqueléticas similares a un brazo, parecidas a las del cocodrilo.

El *Tiktaalik*, era especie transitoria extinta entre peces nadadores y animales vertebrados de cuatro patas.

Tiktaalik, vista superior

trataba de peces sarcopterigios que habitaron en Laurentia hace unos 375 millones de años. Este ejemplo es considerado como una forma de transición que comparte algunas características con los tetrápodos. Por un lado, aún tenía escamas y branquias, mientras que su cabeza era triangular y aplanada, y presentaba unas aletas inusuales. En concreto, dichas aletas estaban formadas por huesos que servían para apoyarse en aguas poco profundas. Esta y otras características sitúan a *Tiktaalik* entre los peces nadadores y los vertebrados de cuatro patas. Además, destacan los espiráculos de la parte superior de su cabeza, lo cual sugiere que contaba tanto con branquias como con pulmones primitivos. Por todo ello se cree que estos animales vivían en aguas con poco contenido de oxígeno.

Posteriormente, hace unos 365 millones de años, *Acanthostega* representó otro paso en el camino hacia tierra. Dichos animales medían alrededor de 60 centímetros de longitud, tenían ocho dígitos en cada mano y aún no estaban adaptados para caminar sobre tierra. Sin embargo, *Acanthostega* está considerado como uno de los primeros tetrapodomorfos que contaba con una cintura pélvica más poderosa. Probablemente vivió en pantanos poco profundos y cubiertos de maleza, donde sus patas serían de mucha utilidad para desplazarse.

Finalmente, hace unos 362 millones de años apareció *Ichthyostega*. Este género está considerado como otro fósil de transición entre los peces y los tetrápodos. Dichos animales eran tetrapodomorfos, que se corresponden con los primeros vertebrados de cuatro extremidades del registro fósil. Además de contar con extremidades para andar por aguas poco profundas, este género tenía pulmones. Se piensa que gracias a estas adaptaciones podría caminar por tierra momentáneamente. *Ichthyostega* era un animal bastante grande que alcanzaba 1,5 m de longitud y presentaba un cráneo plano con ojos dorsales.

Eusthenopteron, un animal que habitó a finales del Devónico. El estudio de su anatomía, cercana a la de los tetrápodos, resulta de especial interés para el estudio del paso a tierra.

Las extinciones masivas del Devónico

La extinción del Devónico consistió en varios eventos de extinción que sucedieron a finales de dicho período. En conjunto, supusieron la desaparición de un 70 % de las especies. Esto sitúa este suceso entre las cinco grandes extinciones, comparable a la ocurrida en el Cretácico.

Arenisca y rocas arcillosas intercaladas en el hábitat natural de los acantilados de Southpund en Mainland. El lecho rocoso sedimentario se formó hace aproximadamente entre 359 y 393 millones de años en el período Devónico.

Durante las últimas etapas del Devónico hubo varios momentos en que la biodiversidad disminuyó. Sin embargo, se considera que los más importantes fueron el evento Kellwasser, ocurrido hace 372 millones de años, y el evento Hangenberg, que tuvo lugar hace 359 millones de años.Las sucesivas olas de extinción tuvieron consecuencias devastadoras sobre la vida marina.

Entre los grupos más afectados podemos mencionar a los braquiópodos, los trilobites, diversos organismos constructores de arrecifes y los placodermos. Las causas de dichos eventos son actualmente motivo de debate entre la comunidad científica. Sin embargo, sí se han podido identificar factores, como la anoxia oceánica o variaciones en el nivel del mar, que derivaron en cambios medioambientales drásticos.

Durante el evento Kellwasser, una anoxia generalizada alteró los ecosistemas marinos situados en aguas cálidas poco profundas y las esponjas estromatoporoideos, ciertos tipos de corales y las cianobacterias formadoras de arrecifes se vieron muy afectadas. El colapso de los arrecifes alcanzó tal magnitud que hasta la era Mesozoica no volvieron

En las imágenes fondos de formación rocosa australiana, textura de arenisca con rastros de hierro en Australia, piedras devónicas.

a tener la misma relevancia. También sufrieron el impacto de aquellos cambios animales como braquiópodos, trilobites, amonites o conodontos.

Por su parte, en el evento Hangenberg se vieron afectadas tanto las especies marinas como las de agua dulce. En especial podemos mencionar a los vertebrados con mandíbulas, entre los que se incluyen los antepasados de los tetrápodos. Este suceso está relacionado con un aumento del nivel del mar seguido de una rápida caída del mismo debido a una glaciación.

Se han propuesto diversas causas que explicarían estas transformaciones ambientales. Una de las hipótesis apunta al impacto de un asteroide, que coincidió con el evento Kellwasser y habría creado el anillo de Siljan, situado en Suecia. Otro suceso exterior podría haber sido la explosión de una supernova cercana, que habría desencadenado el evento Hangenberg. También debemos tener en cuenta que la expansión de las plantas durante el Devónico tuvo dos consecuencias principales: la alteración de la erosión del suelo y el secuestro de carbono. La primera ha sido relacionada con un mayor flujo de nutrientes desde los ambientes terrestres a los marinos, ocasionando así eutrofización y anoxia. Por otro lado, la segunda consecuencia habría tenido como efecto la disminución de la concentración de CO_2 atmosférico y, por tanto, una caída de las temperaturas debido al menor efecto invernadero.

Sucesos clave

Hace 419 millones de años

INICIO DEL DEVÓNICO. Este periodo estuvo marcado por un clima cálido, lo que provocó el derretimiento de glaciares y capas de hielo. Uno de los principales continentes era Gondwana, el cual estaba situado al sur.

Hace 380 millones de años

LA EDAD DE LOS PECES. Durante el Devónico, los peces se diversificaron y adaptaron a los diferentes ecosistemas acuáticos. Entre ellos, destacan depredadores como *Dunkleosteus*.

Hace 370 millones de años

EXPLOSIÓN VEGETAL DEL DEVÓNICO. Las plantas terrestres experimentaron una gran diversificación. Este evento supuso un enverdecimiento de la Tierra, además de tener un impacto sobre la biota del suelo y los sistemas atmosféricos y oceánicos.

Hace 359 millones de años

EXTINCIONES MASIVAS DEL DEVÓNICO. El de este periodo está marcado por una serie de eventos de extinción, que resultaron en la desaparición de un 70 % de las especies. En especial, se vieron afectadas las formas de vida acuáticas.

CARBONÍFERO, BOSQUES DE CARBÓN

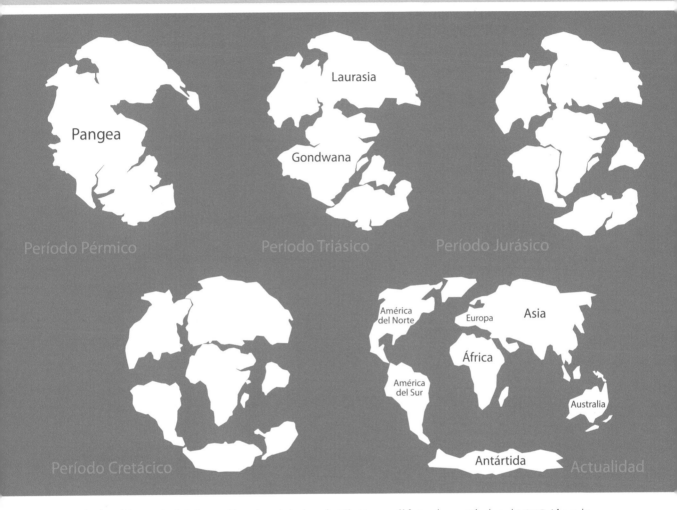

Pangea

Laurasia

Gondwana

Período Pérmico

Período Triásico

Período Jurásico

Período Cretácico

América del Norte

Europa

Asia

África

América del Sur

Australia

Antártida

Actualidad

Ilustración vectorial de continentes del planeta Tierra en diferentes periodos de 250 Ma a la actualidad. Pangea, Laurasia, Gondwana, los continentes modernos.

El período conocido como Carbonífero abarcó desde hace 358 Ma hasta hace 298 Ma. Se divide a su vez en dos mitades: la más antigua es el Misisípico y la más reciente, el Pensilvánico. Dicha división se da por las diferencias en la distribución de los estratos de carbón en Estados Unidos en comparación con Europa o Asia.

El nombre de este período de la Tierra se debe a los enormes depósitos de carbón que se hallan en sus estratos geológicos y que marcan la importancia que tuvo la vida vegetal en esta época de la historia de nuestro planeta.

CONTINENTES

Durante el Carbonífero, Laurasia ocupaba el ecuador mientras que lo que serían en un futuro Siberia y China permanecieron como grandes continentes isleños en el nordeste separados entre sí por el mar de

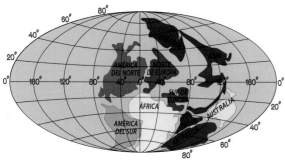

Periodo Carbonífero.

Tetis, que se fue cerrando a finales de este período. Laurasia representaría a todas las tierras del hemisferio norte actual y Gondwana a los continentes del actual hemisferio sur. Este último se encontraba en una elevada latitud siendo de las pocas tierras emergidas capaces de albergar casquetes polares. Pantalasa seguía presente como el gran océano que cubría toda la Tierra. A finales de este período, Laurasia colisionó con Gondwana generando la orogenia varisca, responsable de cordilleras como los Apalaches o los Urales.

CLIMA

A excepción de Gondwana, la mayor parte de las tierras emergidas se situaban en climas húmedos, cálidos y tropicales. Esta estabilidad climática se evidencia en el crecimiento de las plantas, que no presentan anillos de crecimiento, sino que su desarrollo era uniforme durante todo el año.

Estas nuevas condiciones climáticas, sumadas a la erosión de las nuevas formaciones rocosas que se habían alzado, fomentaron la proliferación de humedales, ciénagas y nuevos entornos de aguas continentales, como los ríos o los deltas, que empezaron a cobrar mayor importancia. Así se generaron ecosistemas tropicales que dieron lugar a una nueva diversidad de organismos.

Sin embargo, la estacionalidad seguía existiendo conforme nos acercamos a zonas frías, y es que en Gondwana se reunía una masa de hielo suficiente como para haber bajado el nivel del mar del planeta. Este evento, junto con los movimientos de placas que iban poco a poco configurando Pangea, redujeron las líneas de costa, lo que afectó a la vida marina que se desarrollaba en aquellas regiones.

FAUNA Y FLORA

Si algo caracterizó al Carbonífero es que fue uno de los períodos más verdes de la historia de nuestro planeta. Grandes masas forestales se extendían por el continente sin apenas restricción. Las plantas se establecieron como organismos fotosintéticos dominantes en tierra firme y, dado que aún no habían surgido grandes herbívoros capaces de aprovechar este nuevo recurso, se expandieron sin problema alguno. De esta forma, se desarrollaron helechos arbóreos de hasta 50 metros de altura, como *Lepidodendron*, o de 30 metros, como *Sigillaria*. Este nuevo pulmón verde dio vida a los nuevos ecosistemas tropicales.

Esta gran masa verde sin procesar acabó enterrada en los pantanos antiguos que con el paso de los millones de años terminó por fosilizar y convertirse en el carbón que el ser humano lleva utilizando como fuente de energía desde hace cientos de años.

Sigillaria

Pero la vida no se limitaba al continente. Los deltas, estuarios y otros ecosistemas dulceacuícolas dieron lugar a una gran diversidad de animales, entre ellos, bivalvos de agua dulce, gasterópodos, tiburones y peces óseos. También había euriptéridos, algunos de los cuales presentaban comportamientos anfibios, como era el caso de *Hibbertopterus*, del cual tenemos rastros de huellas en tierra.

En los mares cobraron gran importancia los foraminíferos y florecieron corales como los rugosos y los tabulados. Junto a ellos aparecieron nuevas rarezas faunísticas que hoy en día siguen intrigando a los paleontólogos.

Lepidodendron

Sigillaria

Plantas gigantes: *Lepidodendron*

Reconstrucción de un bosque carbonífero.

Nombre: *Lepidodendron*
Dieta: fotosintética
Altura: 30-50 m
Período: Carbonífero hasta principios del Triásico
Encontrada en: todo el globo

Lepidodendron era una planta con porte arbóreo gigantesca que podía alcanzar en algunos casos los 50 metros de altura con un diámetro de 1,8 metros. Estos gigantes presentaban unos troncos escamosos, con un patrón en diamantes único.

No podemos decir que tuvieran cortezas tan prominentes como las de los árboles actuales, ni semillas, ni siquiera que eran auténticos árboles. A pesar de su imponente porte, estos miembros del reino vegetal en realidad eran helechos hipertrofiados que configuraban gran parte de los bosques tropicales de la Tierra carbonífera.

CARACTERÍSTICAS

Su inconfundible patrón romboidal procedía de las cicatrices que dejaban los foliolos al caer en su fina corteza. En vida, estas plantas eran completamente verdes y de tejidos blandos. Su crecimiento rápido no solo contribuía a sus grandes portes, sino a que vivieran una media de entre 10 y 15 años.

¿CÓMO SE FORMA EL CARBÓN?

Lepidodendron, al igual que otros muchos vegetales, contribuyeron a la floreciente flora de este período. Dado a que aún no habían surgido grandes herbívoros capaces de alimentarse de esa gran masa vegetal, se sucedía una gran acumulación de

Lepidodendron

materia vegetal muerta. Además, empezaron a surgir los primeros indicios de tejidos similares a la corteza que presentan las plantas leñosas actuales. Esta novedad evolutiva surgió cuando no había aún microorganismos capaces de descomponer este nuevo material, por lo que se fue acumulando.

Como resultado de todo ello, estos restos vegetales se enterraron en los ecosistemas pantanosos sin apenas descomponerse, lo que permitió su fosilización. Las capas de estratos se sucedieron unas encima de otras, llevando los materiales a una mayor profundidad, mayores presiones y temperaturas. De esta forma, poco a poco los restos vegetales fueron fosilizando y convirtiéndose en rocas sedimentarias orgánicas.

En función de la presión y el calor a los que fue sometida la materia vegetal y según la cantidad de agua a la que estuvo expuesta se generaron distintos tipos de carbones: turba, lignito, hulla y antracita, todos ellos ordenados de menor a mayor poder calorífico, es decir, la energía en forma de calor que son capaces de liberar en su combustión.

Un fósil de Lepidodendron, un género extinto del grupo de Lypcopsids que vivieron durante el periodo Carbonífero.

LA IMPORTANCIA DEL CARBÓN

Desde el descubrimiento del fuego, los humanos hemos utilizado madera con el fin de mantenernos calientes y espantar a los depredadores. En los miles de años posteriores de historia humana fue así hasta que se descubrió la versatilidad del carbón. En un primer momento, su uso se limitaba a calentar los hogares y la cocina de aquellos que no podían permitirse la madera. Pero la tala y escasez de troncos dio la oportunidad al carbón de adquirir un papel protagonista.

Con el tiempo, el carbón se reveló como un combustible mucho más rentable que la madera. La riqueza de los terrenos dejó de medirse únicamente por lo que poseían en su superficie, sino que lo que había debajo de ellos también contaba. El uso del carbón comenzó a extenderse en chimeneas y cocinas. Más tarde, en el siglo XVII, se incorporó su empleo como fuente de carbono en la industria siderúrgica.

Al generar el carbón una energía calorífica mucho mayor que la madera y además resultar más barato, las minas de carbón comenzaron su andadura y potenciaron las nuevas industrias emergentes. Finalmente, la aparición de la máquina de vapor en el siglo XVIII marcó el inicio de la Primera Revolución Industrial que transformó de manera radical la producción de las fábricas y los transportes gracias a las locomotoras.

Sin embargo, el carbón es un combustible fósil que emite sulfuros, CO_2 y hollín en su quema. Es famosa la anécdota de cómo las polillas de Londres sufrieron una selección natural por hacerse cada vez más oscuras y poder camuflarse entre los árboles de corteza oscura por el esmog de la ciudad. En la Segunda Revolución Industrial del siglo XIX, el combustible predominante pasó a ser el petróleo gracias al aumento de popularidad de las lámparas de queroseno y a la invención de los motores de combustión interna. No obstante, todavía hoy seguimos enfrentándonos al mismo problema que teníamos hace siglos. Los combustibles fósiles siguen siendo nuestra principal fuente energética provocando la emisión de gases de efecto invernadero, contaminación, dependencia energética y problemas de abastecimiento. Afortunadamente, el mundo se está abriendo a nuevas fuentes de energía, pero solo el futuro nos dirá cómo se resolverán todos estos acontecimientos.

Artrópodos gigantes

Meganeura gigante representada en un bosque en el período Carbonífero.

El gigantismo de insectos y otros artrópodos durante el Carbonífero no fue un fenómeno global. No todos los animales pertenecientes a este grupo poseían enormes portes en comparación con la norma actual. Eran la excepción, y nunca han vuelto a aparecer otros representantes de tal magnitud.

La aparición de animales como *Meganeura* o *Arthropleura* en este periodo ha llevado a los paleontólogos a estudiar qué tenía de especial el Carbonífero para dar lugar a estos gigantes.

¿POR QUÉ ERAN LOS ARTRÓPODOS GIGANTES?

Una de las hipótesis más conocidas establece como desencadenante del gigantismo al oxígeno. Los bosques del Carbonífero ocupaban una enorme superficie de la Tierra, creando entornos frondosos que millones de años después generarían gran parte del carbón que consumimos los humanos. Este fue uno de los factores que contribuyó a que la concentración de oxígeno del Carbonífero fuese de un 30 % en comparación con el 21 % que se tiene hoy en día. ¿Pero es suficiente para explicar el gigantismo de estos animales? Durante años se ha relacionado esta concentración de oxígeno con el sistema respiratorio de los insectos. Los insectos no transportan el oxígeno en glóbulos rojos como nosotros, sino que lo absorben directamente del aire hacia sus órganos por unos tubos formados por su exoesqueleto llamados tráqueas. Estos tubos conectan hacia el exterior por unos orificios conocidos como espiráculos. Todo este sistema depende de las diferencias de concentración del gas entre el medio externo y el interno. Es decir, al haber mayor concentración de oxígeno fuera que dentro del animal, sucede una presión que empuja el aire hacia el interior del animal.

Sabiendo esto, no es extraño pensar que a mayor concentración de oxígeno en la atmósfera, mayor cantidad de oxígeno entra en el organismo, mayor es su energía disponible y, en consecuencia, su tamaño. Sin embargo, en realidad este gigantismo no era algo común en el Carbonífero. Solo unos pocos grupos lo presentaban y pudo estar influenciado por otras muchas causas, como la temperatura, que se sabe que influye en las estaturas de algunas especies de escarabajos, o la propia constitución de los ecosistemas. Es probable que la aparición de

artrópodos gigantes, en especial de insectos voladores, se debiera a la ausencia previa de otros depredadores vertebrados. El papel de depredadores aéreos o herbívoros gigantes ya estaba cogido, el nicho ya estaba ocupado, y los vertebrados tendrían que esperar a otra ocasión para interpretarlo. Sea como fuere, los factores que llevaron al gigantismo fueron varios y estudios futuros serán los que aclaren esta gran incógnita.

LA FALSA LIBÉLULA GIGANTE

Nombre: *Meganeura*   **Dieta:** carnívora
Envergadura: 75 cm
Periodo: Carbonífero Pensilvánico
Encontrado en: Francia, Reino Unido y Estados Unidos

Meganeura era un insecto volador gigante muy parecido a las libélulas actuales. De hecho, son parientes de las libélulas y caballitos del diablo que existen en la actualidad y podemos ver cómo ya en el Carbonífero existían los primeros esbozos de su forma corporal. *Meganeura* no solo tiene importancia por su envergadura de 75 centímetros, comparable a la de un gavilán, sino porque fue de los primeros depredadores aéreos del planeta. De esta forma, desempeñó un nuevo rol en los ecosistemas de la época al acceder a recursos distintos que el resto de sus vecinos de hábitat. Ocuparon un nuevo nicho ecológico. Y es que fueron los insectos los primeros animales en desarrollar el vuelo.

EL GRAN MILPIÉS

Nombre: *Arthropleura*   **Dieta:** herbívora
Longitud: Entre 0,3 y 2,5 m.
Periodo: Carbonífero y parte del Pérmico
Encontrada en: Escocia y Norteamérica

Durante un tiempo se pensó que *Arthropleura* era una enorme escolopendra, un gran depredador que inyectaba su veneno a sus presas y las devoraba con sus grandes mandíbulas. Pero estudios más recientes han desvelado que este enorme artrópodo, que podía llegar a medir más de 2 metros, era en realidad un pariente cercano de los actuales milpiés, y como ellos, seguía una dieta herbívora. El enorme tamaño de este animal lo convierte en el invertebrado terrestre más grande de todos los tiempos, con huellas fósiles que evidencian una anchura de 50 centímetros entre sus patas. La abundante vegetación del Carbonífero y la ausencia de grandes depredadores terrestres que compitieran con su tamaño hicieron que estos animales prosperaran hasta incluso los inicios del Pérmico.

Las rarezas de las aguas

Grupo de *Rhizodus hibberti* congregándose en las aguas continentales carboníferas.

El Carbonífero no solo fue un período de gran diversidad biológica en los ecosistemas terrestres. Los artrópodos gigantes y los primeros reptiles no deben distraernos de la diversidad de mares, ríos y pantanos. Algunos de los siguientes organismos son de los fósiles más extraños del Registro Fósil.

EL MISTERIO DE TULLY

Reconstrucción de ejemplares de *Tullimonstrum* en los mares del Carbonífero.

Nombre: *Tullimonstrum*
Dieta: carnívora
Longitud: 35 cm
Período: Carbonífero Pensilvánico
Encontrado en: Estados Unidos

Desde su descubrimiento en el yacimiento de Mazon Creek de Illinois, Estados Unidos, en 1955 el monstruo de Tully ha sido un enigma para los investigadores. Su aspecto es parecido al de una lamprea con sus aberturas branquiales y una cola a modo de renacuajo, pero posee un apéndice en forma de tentáculo rematado por una pinza, además de dos ojos pedunculados.

Su extraña apariencia ha hecho dudar a los paleontólogos del parentesco de este animal. ¿Es un vertebrado? ¿Es un invertebrado? A lo largo de todo su estudio se han propuesto diferentes hipótesis sobre estos seres: distintos tipos de gusanos, como nemertinos o poliquetos, gasterópodos, vertebrados basales, como los conodontos, o incluso miembros de los primeros antepasados de los artrópodos.

Sin embargo, todavía hoy no se sabe qué es exactamente el monstruo de Tully. Las evidencias que aseguran que es un vertebrado por la presencia de dientes, la composición de sus ojos y una posible corda se enfrentan a otras que indican que es un invertebrado, como el pobre registro y la existencia de caracteres parecidos en otros organismos fuera de nuestro grupo.

Pudiera ser que *Tullimonstrum* fuese un ejemplo de evolución convergente. Un invertebrado que se parece a un vertebrado, aunque poco tenga que ver con ellos. Habrá que esperar a futuros estudios y nuevos hallazgos para saber qué era este organismo tan misterioso.

EL TIBURÓN TIJERA

Nombre: *Edestus*
Dieta: carnívora
Longitud: 6,7 m
Período: Carbonífero Pensilvánico
Encontrado en: Estados Unidos

La desaparición de los placodermos tras el final del Devónico dio la oportunidad a nuevos grupos de animales de coger su testigo y alzarse como la fauna dominante de los mares. Este fue el caso de los condrictios. Los tiburones y otros peces cartilaginosos vivieron una enorme diversidad de especies y formas durante el Carbonífero. Algunos de ellos apenas se diferencian de los tiburones o quimeras que podemos contemplar en la actualidad. Pero muchos otros parecen proceder de mundos alienígenas.

Edestus es un buen ejemplo por la peculiaridad de sus dientes. Mientras que la mayoría de

Edestus poseía dientes fusionados a modo de un único filo. Según iban creciendo nuevos dentículos se incorporaban en esta estructura con aspecto de sierra.

condrictios disponen de varias filas de dientes que van mudando con el tiempo y el uso, *Edestus* solo dispone de una fila en cada mandíbula. Este pariente de las quimeras actuales posee filas de dientes que se encuentran fusionadas formando una hoja única serrada y dentada, lo que confiere a este animal un aspecto similar al de una tijera.

EL GIGANTE DE ALETAS CARNOSAS

Nombre: *Rhizodus*
Dieta: carnívora
Longitud: hasta 6-7 m
Período: Carbonífero
Encontrado en: Irlanda y Escocia

Rhizodus, al igual que *Eusthenopteron*, el celacanto y nosotros, era un sarcopterigio. Los sarcopterigios son peces de aletas lobuladas. Al contrario que los actinopterigios y los peces cartilaginosos, los sarcopterigios tienen una importante masa muscular en sus aletas. Esto les confiere unas aletas fuertes que les ayudan en la natación y que además fueron la base del surgimiento de los vertebrados de cuatro extremidades, los tetrápodos.

La mayoría de sarcopterigios o tetrápodos de la época no alcanzaban grandes dimensiones. Muchos de ellos eran más pequeños que una persona. Sin embargo, *Rhizodus* era una excepción

Reconstrucción en 3D del gran pez carnívoro de agua dulce, Rhizodus.

y llegaba a alcanzar los 7 metros de largo, mayor que el gran tiburón blanco.

Estos enormes peces eran grandes depredadores que se alimentaban de anfibios y peces en ecosistemas de agua dulce, como lagos, ríos, pantanos, etc. Despedazaban a sus presas en trozos más pequeños que podían tragar y poseían unas escamas muy parecidas a las de los arapaimas actuales, curiosamente uno de los peces de agua dulce más grandes del mundo.

De camino al continente

Temnospóndilos: *Archegosaurus, Dendrerpeton, Eryops, Prionosuchus* (el más grande)
Nombre: temnospóndilos
Dieta: carnívora
Longitud: variable, desde 20 cm a casi los 10 m
Período: del Carbonífero al Cretácico
Encontrados en: todo el globo

Hylonomus es el reptil más antiguo que se conoce con una antigüedad de 312 Ma.

Los anfibios actuales están altamente especializados en la vida entre el agua y la tierra. Han aprovechado las ventajas de su ciclo de vida y respiración configurando su hueco, su nicho, en la frontera entre el agua y la tierra.

Muchos anfibios actuales, estando especializados a ambientes húmedos, son capaces de vivir en desiertos, montañas y otros entornos con poca agua, buscando aquellos reservorios de humedad que les permitan sobrevivir.

LOS ANTEPASADOS DE LOS ANFIBIOS

El Registro Fósil nos abre una ventana al pasado de los tetrápodos, los animales vertebrados de cuatro patas, y nos revela que los que podríamos considerar como anfibios primitivos eran muy distintos a los actuales. De hecho, los primeros paleontólogos que los estudiaron los confundieron con reptiles. Poseían escamas robustas y una piel que prevenía la pérdida de agua en el entorno seco que es la tierra firme. Muchos de ellos eran animales que hacían casi la totalidad de sus vidas en tierra, a excepción de cuando tenían que reproducirse.

Uno de los grupos más representativos de estos animales y que surgió en el Carbonífero fue el de los temnospóndilos, animales de cuerpos alargados y colas aplastadas a modo de tritón, pero con enormes cabezas y mandíbulas poderosas. Algunos de ellos se parecen a los cocodrilos actuales.

LA CÁPSULA HACIA NUEVOS MUNDOS

Los temnospóndilos y otros muchos tetrápodos, a pesar de ser completamente terrestres, seguían manteniendo una estrecha conexión con el agua. Dado que sus huevas eran blandas, necesitaban mantenerlas en un entorno húmedo y estable en el que sus crías pudieran salir adelante. Pero todo cambió con una novedad evolutiva que tendría grandes efectos en la evolución del resto de los vertebrados: el huevo amniótico. El huevo amniótico es un huevo con una cáscara o cubierta externa porosa a través de la cual el embrión puede respirar a la vez que se encuentra sumergido en un entorno acuoso estable donde se nutre y crece. Aparte de la cáscara, un huevo amniótico se distingue por poseer tres membranas importantes: el corion, el amnios y el alantoides.

El corion es la membrana más externa que rodea todas las demás y al embrión y mantiene un estrecho contacto con las cáscaras. Es la telilla que solemos ver al romper los huevos de gallina. Es esencial en el intercambio gaseoso y sería lo que más adelante generó la placenta de los mamíferos.

El amnios es la membrana que recubre al embrión y lo sumerge en un líquido amniótico otorgando un ambiente estable donde crecer.

El alantoides almacena los desechos del embrión y ayuda en la respiración. En los mamíferos acabó formando parte del cordón umbilical. Estas novedades permitieron a los primeros animales con huevos amnióticos, los amniotas, adentrarse en ecosistemas menos húmedos e independizarse por completo de los entornos acuáticos.

EL NACIMIENTO DE LOS REPTILES

Los primeros en gozar de los beneficios del huevo amniótico fueron dos grupos importantes: los antecesores de todos los mamíferos (sinápsidos) y los reptiles (anápsidos y diápsidos). El Carbonífero vio nacer a los animales que posteriormente dominaron las faunas de todos los períodos posteriores, en especial, la era de oro de los reptiles: el Mesozoico.

Los reptiles son los vertebrados más resistentes a las condiciones con poca humedad. Su piel escamosa evita que pierdan agua por transpiración y los protege de los rayos del sol. Además, sus heces contienen una baja cantidad de agua, lo que les hace ahorrar y preservar este preciado recurso. Todas estas características junto con el huevo amniótico promovieron el gran éxito de los reptiles. Hoy en día, seguimos siendo testigos de su éxito, ya que son organismos que prosperan en zonas desérticas o lejanos archipiélagos, entornos que otros animales apenas podrían soportar.

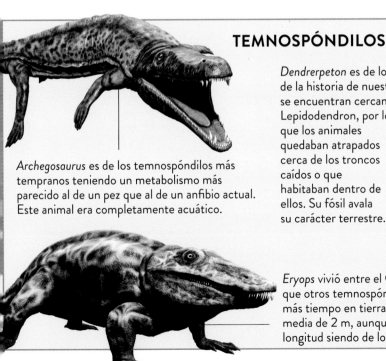

TEMNOSPÓNDILOS

Dendrerpeton es de los primeros temnospóndilos de la historia de nuestro planeta. Sus fósiles se encuentran cercanos a troncos fósiles de Lepidodendron, por lo que se ha propuesto que los animales quedaban atrapados cerca de los troncos caídos o que habitaban dentro de ellos. Su fósil avala su carácter terrestre.

Archegosaurus es de los temnospóndilos más tempranos teniendo un metabolismo más parecido al de un pez que al de un anfibio actual. Este animal era completamente acuático.

Eryops vivió entre el Carbónifero y el Pérmico. Al contrario que otros temnospóndilos, eran nadadores torpes y pasaban más tiempo en tierra que sus parientes. Los adultos medían una media de 2 m, aunque hay ejemplares que alcanzaron los 3 m de longitud siendo de los animales de mayor tamaño de su tiempo.

PÉRMICO, EL FINAL DEL PALEOZOICO

Arcillas rojas del periodo Pérmico que tienen entre 250 y 290 millones de años, aún más que las rocas de arenisca. Región de Astrakhan, Rusia.

Durante el Pérmico, los continentes estaban reunidos en un supercontinente denominado Pangea. Esta formación terrestre se formó tras la unión de Laurasia y Gondwana que tuvo lugar en el Carbonífero. La gran mayoría de la tierra emergida se encontraba centrada sobre el ecuador y desde allí se extendía hacia los polos.

Recreación en 3D de la Tierra durante el periodo Pérmico.

Pangea estaba rodeado por un gran océano conocido como Pantalasa. Hace unos 250 millones de años dicha enorme masa de agua ocupaba casi el 70 % de la superficie de la Tierra. Para hacernos una idea del tamaño podemos compararlo con el océano Pacífico, considerado el más grande en la actualidad, que solo cubre aproximadamente el 32 % del planeta.

A lo largo de este período, un grupo de pequeños continentes, que en conjunto conformaban una región denominada Cimmeria, se separaron de

Paisaje del periodo Pérmico (recreación en un grabado).

Gondwana siguiendo una trayectoria hacia el norte, donde estaba situada Laurasia. Debido a dicho movimiento, el océano Paleo-Tetis se encogió al estar situado al norte de Cimmeria, mientras que el océano Neotetis comenzó a abrirse al sur de Cimmeria.

Además, debemos destacar la formación de las Montañas Pangeas Centrales, un evento que se inició en el período anterior a causa de la colisión entre Laurasia y Gondwana. Dicha cordillera alcanzó su altura máxima durante el Pérmico temprano, hace unos 295 millones de años. Se estima que su altura era comparable con la de la actual cordillera del Himalaya.

CLIMATOLOGÍA

A diferencia de los famosos pantanos húmedos del Carbonífero, el Pérmico dio lugar a un período mucho más seco y frío. Este nuevo clima no solo abrió paso a transformaciones en la composición de la flora y la fauna, sino que fue el último período en experimentar ciclos de glaciaciones antes de la famosa Edad de Hielo.

Pero las enormes variaciones climáticas no terminaban ahí, sino que el propio tamaño del supercontinente Pangea influía en los ecosistemas de la Tierra Pérmica. El sur era seco, cubierto por casquetes polares, y el norte, mucho más cálido, con fuertes ciclos de estaciones secas y de lluvias.

VOLCANES

La actividad volcánica terrestre también fue un factor determinante en las condiciones climáticas de este período, pues fue la causante de la mayor extinción masiva de la Tierra que puso fin a este período.

Dimetrodon

Nombre: *Dimetrodon*
Dieta: carnívora
Peso: 25 a 250 kg
Periodo: Pérmico
Encontrado en: Texas,
Oklahoma (Estados
Unidos) y Alemania

El género *Dimetrodon* representa uno de los animales más característicos del período Pérmico. A pesar de que presenta aspecto de reptil, desde el punto de vista evolutivo está más relacionado con los antepasados de los mamíferos. Concretamente, está considerado como una forma de sinápsidos no mamíferos conocidos como pelicosaurios. Por este motivo tampoco debemos confundirlo con los dinosaurios.

La mayoría de los fósiles de estos animales han sido descubiertos en Estados Unidos, en particular, en el yacimiento de Red Beds situado entre Texas y Oklahoma. Los *Dimetrodon* presentaban un tamaño variado, aunque solían superar el metro de longitud. En general, las especies de *Dimetrodon* vivieron en extensos humedales. En estos ecosistemas, ejercieron el papel de depredadores con una dieta compuesta de peces y otros tetrápodos, como anfibios. Se considera que fueron unos de los mayores carnívoros terrestres del Pérmico.

ESQUELETO COMPLETO
Hay un esqueleto perfectamente conservado de un *Dimetrodon* en el Museo Real Tyrrell, un museo de historia natural especializado en paleontología situado en Drumheller, en la provincia canadiense de Alberta. Debido a su aspecto de reptil, estos animales suelen ser confundidos con los dinosaurios.

EL NOMBRE

El nombre de este género significa «diente de dos medidas», ya que presenta mandíbulas con conjuntos de dientes grandes y pequeños. La primera persona en estudiar y describir este grupo fue el paleontólogo estadounidense Edward Drinker Cope en la década de 1870, que en un principio incluyó a *D. limbatus* en un género distinto. Sin embargo, posteriores estudios demostraron que dichos fósiles pertenecían al género *Dimetrodon*.

TAMAÑO

De todas las especies descritas, la más grande de todas es *Dimetrodon angelensis*, que midió alrededor de 4 metros. Esta especie fue descrita en 1962 por el paleontólogo Everett C. Olson a partir de unos fósiles encontrados en San Angelo, Texas. En el otro extremo encontramos a *Dimetrodon teutonis*, que crecía hasta los 60 centímetros de longitud y fue descubierta al suroeste de Alemania en 2001.

UNA GRAN CRESTA

La característica más llamativa de *Dimetrodon* es la gran cresta o vela situada en su espalda. Dicha estructura estaba formada por unas espinas alargadas que surgían desde las vértebras. Estas espinas probablemente estaban unidas entre sí mediante una membrana que cubría gran parte de la cresta. Se desconoce la función exacta de la vela, que es objeto de múltiples hipótesis y debate entre la comunidad científica.

QUÉ FUNCIÓN TENÍA LA CRESTA

Desde el descubrimiento de la primera especie de *Dimetrodon*, se han propuesto diversas teorías sobre el papel de sus crestas. Una de las que tuvo un mayor apoyo académico partía de la idea de que estos animales eran de «sangre fría» y, por tanto, gracias a dicha estructura podrían regular la temperatura corporal. En este caso, la vela actuaría como estructura de termorregulación que absorbería el calor del sol por las mañanas, a la vez que enfriaría el cuerpo al liberar el exceso de temperatura. Sin embargo, diversos estudios han demostrado que las velas no serían tan eficaces a la hora de eliminar el calor del cuerpo.

Posteriormente, tomó fuerza otra hipótesis, que sugiere que dichas estructuras serían usadas durante el cortejo. De esta forma, las crestas les servirían para realizar algún tipo de exhibición con la que atraer potenciales parejas. Esta idea se ve sustentada con el descubrimiento de fósiles de ciertas especies que muestran dimorfismo sexual.

Ginkgo

Especie: *Ginkgo biloba*
Grupo: *Ginkgoaceae*
Tamaño: 30 m
Localización: China
Conservación: en peligro

El ginkgo (*Ginkgo biloba*) es un árbol que en la actualidad solo podemos encontrar en algunas regiones de China o incluso cultivado en jardines de todo el mundo. Dicha especie está considerada como un auténtico fósil viviente, ya que es la única representante de un grupo de gimnospermas, conocida como *Ginkgoales*, que fue abundante en el pasado.

El origen de este tipo de plantas se remonta al período Pérmico. La especie *Trichopitys heteromorpha*, que habitó hace más de 290 millones de años y cuyos fósiles han sido encontrados en Francia, ya mostraba algunos rasgos morfológicos compartidos con los ginkgos. Si bien no es posible atribuir a estas plantas la categoría de ancestros directos, la evidencia ha permitido establecer el origen del grupo a finales del Pérmico.

El registro fósil recoge posteriormente, durante el Triásico, la aparición del género *Ginkgoites*, cuyas hojas recuerdan a los modernos ginkgos. Los primeros fósiles del género *Ginkgo* datan del Jurásico, momento durante el cual el grupo se diversificó hasta bien avanzado el Cretácico. Sin embargo, en este punto hubo un punto de inflexión, probablemente debido a la aparición de las plantas con flores o angiospermas. El declive del número de especies ginkgos se hizo patente durante el Paleoceno, momento en el que *Ginkgo adiantoides* se convirtió en la única especie representante del género en el hemisferio norte, formando grandes bosques en la región boreal hasta el Mioceno. Desde entonces, la distribución de la especie menguó y acabó desapareciendo de Europa durante el Plioceno. El declive del grupo continuó, quedando solo registros de ginkgos en el centro de China. Durante mucho tiempo, se consideró que estas plantas estaban extintas y la comunidad científica solo las conocía a través de sus fósiles. Sin embargo, en el año 1691 Engelbert Kaempfer, naturalista alemán, halló ejemplares vivos de *Ginkgo biloba* en Japón que habían sido cultivados y descendían de poblaciones silvestres chinas.

LAS HOJAS

Las hojas de los ginkgos presentan una característica forma de abanico, con nervios que parten desde la base y, en ocasiones, se bifurcan de forma paralela sin llegar a constituir una red. Dichas hojas pueden medir entre 5 o 19 centímetros de longitud. Durante el otoño, se vuelven de un color amarillo muy llamativo y caen de los árboles. Esta morfología se ha mantenido durante millones de años, lo cual permite la identificación clara del grupo en el registro fósil.

SEMILLAS

Las semillas del ginkgo están recubiertas por una cobertura carnosa, dándoles un aspecto que nos podría recordar al de los frutos de una angiosperma. Esta cobertura está constituida por la sarcotesta que cubre la semilla y posee un característico olor a queso azul debido al ácido butírico que contiene.

USOS

Esta planta es extremadamente resistente a la contaminación y a la acción de los insectos y es en los últimos años cuando se están empezando a descubrir sus propiedades medicinales. Tanto las hojas como las semillas, separadas de su capa carnosa, contienen compuestos como flavonoides y terpenos que ayudan frente a los problemas circulatorios y neuronales, además de servir como regeneradores y antioxidantes. Todas estas propiedades la han convertido en una de las plantas medicinales más solicitadas, generando grandes cultivos en China, Francia y Estados Unidos. Sin embargo, los expertos recomiendan precaución porque al igual que el ginkgo posee estas beneficiosas cualidades, también presenta una toxina, la ginkgotoxina. Se trata de un compuesto responsable de decenas de intoxicaciones alimentarias y de una letalidad del 27 % en Japón tras la Segunda Guerra Mundial, cuando la comida escaseaba. Por ello se requerirá en el futuro de nuevos estudios que garanticen la seguridad en la manufactura de los productos procedentes del ginkgo. Solo así los profesionales de la salud podrán supervisar su empleo a sabiendas tanto de sus efectos beneficiosos como adversos.

FÓSILES VIVIENTES

Varios aspectos explican por qué el género Ginkgo ha logrado mantenerse inalterado durante millones de años. Entre ellos, destacan su gran longevidad, una lenta tasa de reproducción y la amplia distribución que les permitió alcanzar refugios durante el declive. Su gran capacidad de supervivencia se hace patente en los ejemplares que sobrevivieron al estallido de la bomba atómica lanzada sobre Hiroshima, Japón, en 1945. Estos árboles se encontraban entre los escasos seres vivos que habían sobrevivido a la explosión.

Diplocaulus

Nombre: *Diplocaulus salamandroides*
Dieta: carnívora
Longitud: 1 m
Periodo: del Carbonífero Superior al Pérmico Superior
Encontrado en: África y Norteamérica

Diplocaulus era un anfibio lepospóndilo muy reconocible por la forma de su cráneo, que poseía unas proyecciones que le daban una apariencia similar a la de un bumerán. Tenía un aspecto parecido al de una salamandra, aunque distaba mucho de tener un parentesco evolutivo cercano. Sin embargo, compartía con esta un modo de vida similar, nadando por los fondos de los estanques o ríos en busca de pequeños animales a los que hincar sus numerosos y agudos dientes.

La cabeza de este anfibio sufría cambios extremos a medida que el animal iba creciendo. Los huesos del cráneo se alargaban hasta el punto de que la cabeza adquiría una forma extravagante en V. Este extraño cráneo ha dado lugar a numerosas interpretaciones e hipótesis.

Una de ellas propone que la función de estos «alerones» era la de una hidroala que le permitiría alcanzar grandes velocidades en las corrientes de los ríos. Otra dice que le ayudaba a enterrarse en el fondo para esconderse de los depredadores o a fijarse en el lodo, al acecho,

CRÁNEO EXTRAÑO

Aún hoy se desconoce el porqué de la forma de la cabeza de este animal, pero sin duda es un rasgo que le ha labrado ser uno de los seres vivos más reconocibles de Paleozoico.

preparando una emboscada a la espera de su víctima. O quizá impedía que los carnívoros lo devoraran de un bocado al no poder tragar su gran cabeza. Otra idea es que estas proyecciones funcionasen como protección de unas posibles branquias, ya que algunos anfibios las conservan en su etapa adulta, como los ajolotes. O puede que simplemente fuera una estructura útil en el cortejo del mismo modo que las colas de los pavos reales.

GUERRA DE LOS HUESOS

Los restos de este anfibio fueron descubiertos durante uno de los eventos más convulsos de la historia de la paleontología: la Guerra de los Huesos. Durante la segunda mitad del siglo XIX, en Estados Unidos, dos paleontólogos se enzarzaron en una ferviente rivalidad: Edward Drinker Cope y Othniel Charles Marsh.

Ambos paleontólogos tenían orígenes muy distintos. Cope procedía de una acaudalada familia de granjeros. Desde muy joven demostró interés en las ciencias y pronto comenzó su trabajo de investigador, en vez de seguir los pasos de su padre. Así, dedicó su vida al estudio de los fósiles a pesar de carecer de una estricta formación científica. Marsh, por el contrario, nació en una familia más humilde, pero fue gracias a la fortuna de su tío por lo que pudo acceder a los estudios universitarios y ganar un puesto en la Universidad de Yale.

Aunque ambos comenzaron teniendo una relación cordial, con el paso de los años esta se fue deteriorando hasta llegar al punto de que se saboteaban mutuamente sus investigaciones científicas. Marsh se aseguraba de que Cope no obtuviese material fósil de distintos yacimientos sobornando a los cazadores de fósiles y asegurándose así sus descubrimientos. Ambos mantenían acalorados debates en las publicaciones científicas refiriéndose expresamente a los descubrimientos del oponente. Incluso se cuidaban de no compartir los mismos trabajadores por miedo a que fuesen espías o confabularan en su contra.

En una ocasión, Cope presentó una reconstrucción de *Elasmosaurus* que resultó ser errónea, ya que había colocado el cráneo en la cola, algo entendible, pues los conocimientos sobre la anatomía de los reptiles marinos eran muy escasos en aquella época. Sin embargo, Marsh notificó el error y se aseguró de hacerlo público con el fin de ridiculizar a su rival. Cope intentó entonces comprar todos los ejemplares publicados del artículo para tapar su error y procedió a explotar los yacimientos que Marsh había designado como «su cantera privada». Todas estas disputas saltaron del campo académico y llegaron a la opinión pública, llegando a aparecer en los periódicos de la época.

Finalmente, ambos terminaron sus días arruinados, pero habiendo contribuido sobremanera al conocimiento científico y fomentando la fiebre por los dinosaurios que comenzó en el país. Muchos de los dinosaurios y organismos más conocidos por el público son fruto de esta disputa entre dos de los paleontólogos más importantes del siglo XIX.

La extinción del Pérmico

Aunque la extinción que acabó con los dinosaurios no avianos fue la más conocida, sin duda no fue la mayor. Ese honor le corresponde a la extinción de finales del Pérmico, que sucedió hace 252 Ma y supuso el final del 96 % de las especies marinas y del 70 % de las especies terrestres.

El principal causante de este evento fue el incremento de la actividad volcánica, concretamente en lo que ahora es la actual Siberia, tal y como evidencian los traps siberianos. Los traps son una formación geológica constituida por superficies enormes de basalto fruto de una actividad volcánica muy intensa. Estas formaciones pueden ocupar cientos de miles de kilómetros cuadrados. En el caso de los traps siberianos, ocupan 1 500 000 km^2. Los volcanes liberaron gases de efecto invernadero a la atmósfera, entre ellos, el CO_2, provocando un calentamiento global que alteraría todos los ecosistemas a los que estaban adaptadas las especies de aquella época. El aumento del CO_2 conllevó la acidificación de los océanos que habían llegado a su límite en la asimilación del gas, provocando la

Sucesos clave

Hace 299 millones de años

COMIENZO DEL PÉRMICO. Tras salir de la glaciación que dio cierre al Carbonífero, un clima más templado y húmedo va a condicionar el tipo de especies que habitan la Tierra.

Hace 280 millones de años

UN SUPERCONTINENTE RODEADO POR UN SUPER OCÉANO. Todos los continentes se encuentran unidos en una única masa de tierra conocida como Pangea, la cual se encuentra rodeada por el océano Pantalasa. La conquista de Pangea está protagonizada por una gran variedad de tetrápodos. Entre ellos destacan animales como el Dimetrodon.

Fósil de un *Seymouria*, animal parecido a un reptil que habitaba en el Pérmico.

desaparición de cientos de miles de especies marinas. Además, justo en este momento sucedió el conocido como *coal gap* o «vacío de carbón», una ausencia de depósitos de estas rocas por todo el planeta. Los volcanes que dieron lugar a los traps originaron la combustión de gran parte de ese carbón que no hizo más que contribuir aún más al calentamiento global que estaba sufriendo el planeta. Todos estos factores ralentizaron, sin duda, el proceso de recuperación de la vida en la Tierra y nos recuerdan, en gran medida, a la crisis climática que estamos viviendo actualmente.

EN CASA

Como consecuencia de todos estos sucesos, el clima se volvió mucho más cálido y seco, más árido. Ante este nuevo entorno, las especies se adaptaban o morían. Si eran de las afortunadas que podían tolerar las nuevas condiciones, salían adelante. Aun así, para muchas de aquellas especies amenazadas por esos cambios hubo otros factores a su favor que contribuyeron a su supervivencia. Algunas pudieron refugiarse en zonas del sur, donde había condiciones mucho más frescas y húmedas que sirvieron como refugios, relictos. De hecho, no todas las especies reaccionaron de la misma forma a estos eventos de extinción. Grupos de seres vivos enteros superaron sin apenas pérdidas gran parte de las extinciones masivas. Las plantas son un gran ejemplo, ya que durante esta extinción mantuvieron sus números constantes con pocas pérdidas. En cambio, de los invertebrados marinos desapareció un 90 %. Muchos grupos de organismos no pudieron adaptarse a los nuevos

cambios y desaparecieron junto con los antiguos ecosistemas que el tiempo dejó atrás.

La recuperación de esta gran pérdida fue lenta, sobre todo en los ecosistemas terrestres. La extinción afectó de forma distinta a los ecosistemas marinos y continentales, y estos últimos fueron los que sufrieron una extinción más prolongada y lenta. De hecho, sus efectos fueron patentes hasta principios del Triásico, mientras que los mares, a pesar de haber recibido un duro golpe, consiguieron recuperarse mucho más rápido.

Tras esta extinción aparecieron nuevos entornos con nuevas posibilidades. En ellos fue donde los ancestros de los mamíferos y de los dinosaurios florecieron junto con otros grupos, como los cocodrilos, los pterosaurios y los reptiles marinos, ocupando papeles importantes en los nuevos ecosistemas tanto terrestres como acuáticos del Triásico.

Hace 260 millones de años

PÉRMICO TARDÍO. Grandes bosques pantanosos se desarrollan en Pangea. Están compuestos en su gran mayoría por helechos arbóreos como *Glossopteris*.

Hace 252 millones de años

GRAN EXTINCIÓN MASIVA. Una elevada actividad volcánica libera grandes cantidades de dióxido de carbono. Los efectos de esta catástrofe llegaron a provocar la desaparición del 90 % de las especies de la Tierra.

MESOZOICO

Mesozoico

Triásico

Hace 351 millones de años.
Durante este periodo aparecen los primeros dinosaurios, pero también otros grupos famosos de reptiles como los pterosaurios, los plesiosaurios o los ictiosaurios.

Primeros dinosaurios

Jurásico

Hace 201 millones de años.
La evolución de los reptiles desembocó en una extraordinaria biodiversidad, de manera que este peri[odo] es considerado como la Edad de Oro de los reptiles. En este tiempo también aparecen las primeras aves.

Coníferas

Primeros mamíferos

Reptiles que viven en el océano

Muchos tipos de dinosaurios

Cretácico

Hace 145 millones de años.
En este periodo los dinosaurios continuaron diversificándose, a la vez que
las ramas evolutivas de los mamíferos y las aves continuaban su propio
camino. También destaca la aparición de las primeras plantas
con flores o angiospermas. Sin embargo, al final
de este periodo la vida sufriría la quinta
extinción masiva, la cual sucedió hace
66 millones de años.

Primeras plantas
con flores

Diversidad
de dinosaurios

TRIÁSICO, EL NACIMIENTO DE UNA ESTRELLA

El Triásico es el primer período geológico de la era conocida como Mesozoico. Esta etapa comenzó hace unos 351 millones de años y finalizó hace unos 201 millones de años, dando paso al Jurásico. Tanto su inicio como su final estuvieron marcados por grandes eventos de extinción.

El geólogo alemán Friedrich von Alberti nombró dicho período con este nombre, después de estudiar la sucesión de tres capas de roca distintas situadas al sur de Alemania.

CLIMATOLOGÍA

La mayor parte del tiempo el clima global durante el Triásico fue cálido y seco. Se cree que a lo largo de este período no hubo glaciaciones, ya que no se han encontrado evidencias de ello en ninguna de las zonas que en aquel momento se encontraban en los polos. Por el contrario, dichas regiones presentaban temperaturas templadas, así como una elevada humedad.

Por otro lado, había enormes desiertos que se extendían en el interior de Pangea. El gran tamaño de dicho continente limitó los efectos climáticos de los océanos. De esta forma, el clima continental se caracterizó por veranos muy calurosos e inviernos fríos. Además, la gran extensión de tierra favoreció que se produjeran intensos monzones ecuatoriales.

Sin embargo, con el paso del tiempo Pangea comenzó a dividirse en dos grandes continentes: Laurasia en el norte y Gondwana en el sur. Dicha separación favoreció que la climatología se volviese más húmeda, aunque también estuvo asociada al gran evento de extinción que tuvo lugar al final del período.

PALEOGEOGRAFÍA

Como hemos comentado, la gran mayoría de la superficie terrestre de la Tierra estaba concentrada en el supercontinente Pangea. Dicha región se encontraba en el ecuador, además de extenderse hacia los dos polos. En el este, en la zona ecuatorial, el mar de Tetis penetraba hacia el interior de Pangea. Por otra parte, el resto de la superficie del planeta aparecía cubierta por el extenso océano. En comparación con otros períodos geológicos, el nivel del mar fue bajo. Aun así, durante el Triásico se produjeron ascensos y descensos que no estuvieron vinculados a la dinámica de los glaciares.

LA DIVERSIDAD DEL TRIÁSICO

Después de la extinción del Pérmico-Triásico, la biosfera de la Tierra se encontraba muy empobrecida. Por tanto, durante este período se produjo un reajuste de la vida durante el cual, además de aparecer los grupos supervivientes, tuvo especial relevancia la evolución de los animales que dominaron la Era Mesozoica. A este respecto cabe destacar que los terápsidos, grupo que incluye a los antepasados de los mamíferos y que fueron muy relevantes durante el Pérmico, fueron desplazados por los arcosaurios.

Los arcosaurios, que darían lugar a las aves y cocodrilos modernos, constituyeron uno de los grupos con más éxito del Triásico. Por ejemplo, los rauisuquios se convirtieron en los depredadores más importantes de la mayoría de los ecosistemas terrestres. Por otro lado, los etosaurios, animales fuertemente blindados, representaban a especies herbívoras, mientras que los fitosaurios eran depredadores semiacuáticos, de hocico largo y con un aspecto parecido al de los cocodrilos vivos, aunque no estaban emparentados con ellos. Se considera un caso de evolución convergente. Además, dentro de los arcosaurios aparecieron los terópodos, que representaban a los primeros dinosaurios, aunque no alcanzaron grandes tamaños hasta el Jurásico. Finalmente, debemos mencionar también a los pterosaurios, considerados como los primeros vertebrados voladores.

Entre los reptiles, o saurópsidos, también hay que destacar a los rincosaurios. Dichos animales prosperaron durante el Triásico hasta convertirse en los principales herbívoros de muchos ecosistemas. A su vez, en el mar destacó la aparición de los primeros sauropterigios, como *Pachypleurosaurus* y *Nothosaurus*, así como los placodontos y los primeros plesiosaurios. Finalmente, los mares del Triásico también fueron testigos de la evolución de los ictiosaurios y las tortugas más primitivas, como *Proganochelys* y *Proterochersis*.

De entre los terápsidos surgieron los cinodontes, que incluyen a los verdaderos mamíferos. Muchos de estos animales prosperaron durante el Triásico, poseían pelo y estaturas pequeñas, aunque también evolucionaron formas herbívoras y carnívoras de gran tamaño.

Finalmente, debemos mencionar los temnospóndilos, un grupo de grandes anfibios que habían surgido durante el Carbonífero. Eran animales acuáticos o semiacuáticos, que alcanzaban un gran tamaño. Por ejemplo, *Mastodonsaurus* llegó a medir entre 4 y 6 metros de longitud.

BIODIVERSIDAD

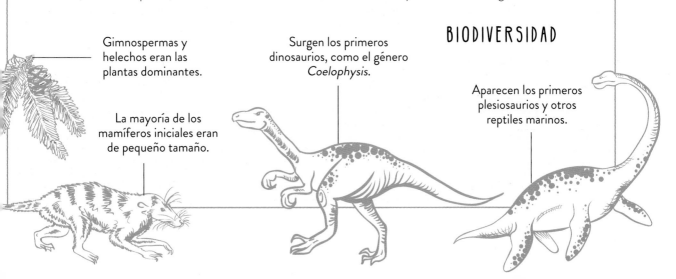

Gimnospermas y helechos eran las plantas dominantes.

La mayoría de los mamíferos iniciales eran de pequeño tamaño.

Surgen los primeros dinosaurios, como el género *Coelophysis*.

Aparecen los primeros plesiosaurios y otros reptiles marinos.

Tanystropheus

Tanystropheus fue un extraño reptil que vivió desde mediados del Triásico hasta finales de dicho período. Su característica más notable era su largo cuello, que medía 3 metros de largo. Sumando el resto de su cuerpo y cola, estos animales alcanzaban una longitud de 6 metros.

El extraño *Tanystropheus* habitó durante el Triásico. Este reptil acuático o semiacuático contaba con un largo cuello que le permitía capturar peces y pequeños cefalópodos con suma facilidad.

Los primeros fósiles de este grupo fueron descubiertos en 1886 por el paleontólogo italiano Francesco Bassani. Sin embargo, debido a que dichos restos no estaban completos, en ese momento fueron clasificados como un inusual pterosaurio. Tuvieron que pasar 40 años hasta que se hallaron especímenes completos que permitieron su correcta identificación.

¿CUÁL ERA EL AMBIENTE DE *TANYSTROPHEUS*?

Se considera que la dieta de estos reptiles se basaba en pequeños peces y cefalópodos que capturaba gracias a sus dientes largos, cónicos y entrelazados. Esta idea se sustenta en el descubrimiento de restos de cefalópodos y espinas de peces en la región ventral de algunos fósiles de *Tanystropheus*.

A pesar de ello, aún se debate acerca de si estos animales tenían un estilo de vida completamente acuático o semiacuático. Según varios estudios realizados a lo largo de la década de 1980, *Tanystropheus* carecía de la musculatura suficiente para levantar el cuello por encima del suelo. Por tanto, debían ser reptiles completamente acuáticos que nadaban con movimientos ondulatorios de su cuerpo y cola, de la misma forma que hacen los actuales cocodrilos y serpientes. Sin embargo, en 2005 se descubrió que carecían de suficientes adaptaciones acuáticas, como, por ejemplo, una cola adaptada al movimiento ondulatorio de lado a lado. Por otra parte, su largo cuello, así como las diferentes longitudes de sus patas delanteras y traseras les habrían impedido una natación eficaz. Una opción barajada es que nadasen igual que las ranas, es decir, usando el impulso de las

Hoy en día se debate si *Tanystropheus* era un animal completamente acuático o semiacuático. Según el estudio de su anatomía, una de las hipótesis sugiere que estos reptiles podrían nadar como las ranas, gracias al impulso de sus patas traseras.

extremidades traseras, que presentaban un mayor desarrollo. Según esta interpretación, *Tanystropheus* también habría sido capaz de caminar por tierra, aunque la posición de las fosas nasales, según la información de la reconstrucción digital de los cráneos de estos reptiles, sugirió que vivían principalmente en el agua.

El cuello de *Tanystropheus* estaba compuesto por 12 o 13 vértebras cervicales alargadas. A pesar de su larga longitud, el cuello era relativamente rígido, lo que ha motivado un debate sobre su uso. Diversas investigaciones han remarcado que esta región del cuerpo era liviana, mientras que la mayor parte de la musculatura y el peso estaban centrados en la parte trasera. Concretamente, el

cuello pesaba menos gracias a que las vértebras eran ligeras y huecas. Dicha característica habría desplazado el peso del animal hacia la parte posterior, estabilizándolo mientras balanceaba y maniobraba con su enorme cuello.

Una de las interpretaciones plantea que *Tanystropheus* era un animal semiacuático que cazaba sus presas como una garza. Por tanto, dichos reptiles eran depredadores de aguas poco profundas que usaban su largo cuello para acercarse sigilosamente a bancos de peces o cefalópodos, evitando así que huyeran debido a su gran tamaño. Cuando detectaban una presa adecuada, se impulsaban a través del lecho marino o del agua usando sus extremidades traseras.

LA FAMILIA DE *TANYSTROPHEUS*

Tanystropheus pertenecía a una familia de arcosauromorfos conocida como *Tanystropheidae*. Estos reptiles, representados por diversos géneros, eran en su mayoría animales que se caracterizaban por sus cuellos largos y rígidos y que habitaron ambientes marinos durante el Triásico. Por ejemplo, estaban presentes a lo largo de las costas del mar de Tetis.

Los animales como *Tanystropheus* no deben confundirse con los sauropterigios. Este grupo de reptiles acuáticos evolucionó desde ancestros terrestres tras la extinción del Pérmico y se expandió durante el Triásico. Los primeros sauropterigios aparecieron hace unos 245 millones de años y eran animales de pequeño tamaño, no superiores a 60 centímetros, semiacuáticos y de aspecto parecido a lagartos con largas extremidades. Posteriormente, desarrollaron un mayor tamaño, de varios metros de longitud, y se adaptaron a la vida en aguas profundas. Tras la extinción de finales del Triásico desapareció la mayoría de sauropterigios y solo sobrevivieron los plesiosaurios.

Los primeros dinosaurios

A mediados del Triásico, hace aproximadamente unos 233 millones de años, los dinosaurios evolucionaron a partir del grupo de los arcosaurios. El comienzo de esta línea evolutiva está representado por reptiles como *Euparkeria* o *Ticinosuchus*.

Plateosaurus habitó durante el período Triásico, hace entre 214 y 204 Ma. Estos reptiles vivían en manadas en lo que hoy es Europa. Eran animales herbívoros u omnívoros.

LA EVOLUCIÓN DE LOS DINOSAURIOS

Los primeros dinosaurios descritos fueron bípedos, tenían una longitud entre 1 o 2 metros y eran carnívoros. De esta etapa podemos mencionar ejemplos como *Spondylosoma*, que habitó hace unos 232 millones de años. Otros géneros destacados fueron *Herrerasaurus*, *Staurikosaurus*, *Eoraptor* o *Alwalkeria*, los cuales se consideran representantes del inicio de la rama de los saurisquios. Posteriormente, de este grupo surgieron los sauropodomorfos y terópodos, que tuvieron mucha relevancia en los siguientes períodos. A este respecto podemos mencionar a *Thecodontosaurus*, considerado como un prosaurópodo que todavía mantenía la postura bípeda y que apareció hace unos 220 millones de años. Por otro lado, los primeros fósiles de terópodos incluyen géneros como *Coelophysis*, animales que surgieron a finales del Triásico. No debemos olvidar a los ornitisquios, el otro gran orden de dinosaurios, con representantes como *Pisanosaurus*.

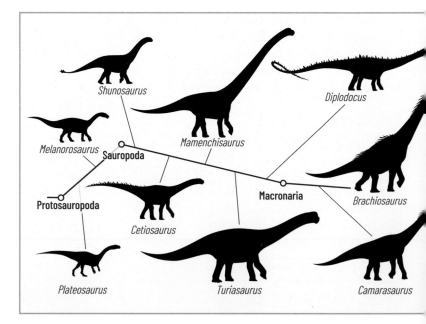

COELOPHYSIS, RÁPIDOS Y ÁGILES

Los reptiles del género *Coelophysis* eran dinosaurios terópodos que habitaron la Tierra hace aproximadamente 221 millones de años, a finales del Triásico. Estos animales eran carnívoros bípedos, con cuellos largos y delgados. Desde su cabeza hasta el extremo de la cola, podían medir cerca de 3 metros de longitud. Se ha estimado que tenían un peso de entre 15 y 20 kilogramos.

Estos animales han sido descritos sobre la base de la especie *Coelophysis bauri*, que fue descrita por el paleontólogo estadounidense Edward Drinker Cope entre los años 1887 y 1889. El nombre *Coelophysis* proviene de las palabras griegas *koilos* (que significa «hueco») y *physis* (que quiere decir «forma») en referencia a la estructura hueca de sus vértebras.

La cabeza de *Coelophysis* era característicamente larga y estrecha, con grandes ojos orientados hacia delante. Esto les habría permitido tener una visión estereoscópica, que les brindaría una buena percepción de la profundidad. Por ello, se considera que estos animales serían depredadores diurnos que podrían contar con una visión parecida a la de las aves rapaces modernas.

Coelophysis era un depredador ágil y de rápidos movimientos que se alimentaba de presas pequeñas. Sus dientes recuerdan a los presentados por otros dinosaurios carnívoros, ya que tienen forma de cuchilla curvada y presentan estrías en los bordes.

Se ha especulado que dichos reptiles podrían haber deambulado por la Tierra en grandes manadas e incluso cazado en grupo. Esta hipótesis se apoya en el descubrimiento de un gran número de ejemplares en distintos yacimientos. Entre ellos destacan los más de 1 000 especímenes hallados

Entre los primeros dinosaurios ya encontramos formas con una locomoción bípeda, como estos tres *Coelophysis* que corren en la jungla.

en la formación Ghost Ranch, Nuevo México (Estados Unidos). Sin embargo, esta evidencia también puede ser explicada por una agrupación de animales que se reunieron buscando agua u otro recurso y que posteriormente quedaron enterrados por una inundación repentina de grandes proporciones. Debemos tener en cuenta que dichos animales habitaron en regiones cálidas sometidas a intensos monzones estacionales. Por tanto, *Coelophysis* debía hacer frente a tiempos secos o áridos seguidos por fuertes precipitaciones que podrían arrollar a un gran número de animales.

MUSSAURUS, ¿EL LAGARTO RATÓN?

Sello impreso en Cuba dedicado a los animales prehistóricos que muestra a un *Mussaurus*.

Mussaurus fue un género de dinosaurios sauropodomorfos descubierto al sur de Argentina que habitaron a finales del Triásico hace unos 215 millones de años. El nombre *Mussaurus*, que significa «lagarto ratón», hace referencia a los primeros individuos conocidos de este grupo, que eran de pequeño tamaño.

Sin embargo, en realidad dicho nombre no es apropiado. Los primeros ejemplares hallados resultaron ser animales juveniles. Posteriormente se descubrieron individuos adultos, que, según se ha calculado, habrían medido alrededor de 6 metros de longitud y alcanzado un peso de más de 1 000 kilos, una muestra de las enormes cifras del tamaño de este grupo de dinosaurios.

Los primeros fósiles de estos animales fueron descubiertos durante la década de 1970 por una expedición dirigida por el paleontólogo argentino José Bonaparte a la Formación Laguna Colorada, situada en la Patagonia. En este lugar se hallaron tanto huevos como crías fosilizadas. Los primeros fósiles pertenecientes a adultos de *Mussaurus* fueron descritos en 2013 a partir de ejemplares que anteriormente habían sido atribuidos al género *Plateosaurus*.

Los grandes depredadores arcosaurios

Los reptiles del género *Batrachotomus* vivieron a mediados del Triásico, hace entre 242 y 237 millones de años. Estos animales pertenecían al grupo de los arcosaurios, concretamente eran rauisuquios, que representaban a grandes carnívoros de aspecto similar a los cocodrilos.

Imagen de rauisuquios en zona pantanosa, en el del primer plano destaca la musculatura de sus extremidades, de las que se ayudaba en la locomoción.

Al igual que otros rauisuquios, se considera que *Batrachotomus* tenía una locomoción erguida. A este respecto destacan sus extremidades anteriores, que eran mucho más cortas y menos robustas que las traseras. *Batrachotomus* podía alcanzar los 6 metros de longitud. Además, contaba con una serie de placas en su dorso de origen óseo y denominadas osteodermos, que estaban emparejadas entre sí y unidas a las vértebras. Dicha estructura defensiva se extendía desde la cabeza hasta la cola.

En contraste con otros arcosaurios, como los cocodrilos, los rauisuquios eran muy ágiles gracias a que contaban con una locomoción erguida.

Por otro lado, también presentaba un cráneo estrecho y alto, con adaptaciones óseas y musculares que le permitían una apertura de la mandíbula más amplia. Los dientes de estos reptiles eran afilados y con diferentes formas, según la situación en la mandíbula, cumpliendo así distintas funciones a la hora de capturar y alimentarse de sus presas.

El nombre de dicho género proviene de las palabras griegas *batrachos* (que significa «rana») y *tome* (que significa «cortar» o «rebanar»). Esta denominación hace referencia a una de sus presas, el gran anfibio del género *Mastodonsaurus* que *Batrachotomus* capturaba en ambientes con un clima pantanoso. En

la misma región donde se han encontrado ejemplares de estos depredadores se han identificado fósiles de peces, anfibios y reptiles acuáticos. Dichos ecosistemas estaban dominados por una vegetación representada por colas de caballo, helechos, cícadas y coníferas.

Los primeros fósiles de *Batrachotomus* fueron descubiertos en 1977 por Johann G. Wegele, un coleccionista de fósiles que los halló en la formación geológica Erfurt, situada en Alemania. Sin embargo, su identificación real se demoró varios años, hasta que el paleontólogo inglés David J. Gower describió el género en 1999.

BATRACHOTOMUS

Se cree que *Batrachotomus* fue un pariente cercano de *Postosuchus*, otro género de reptiles rauisuquios que vivieron durante el Triásico. Estos animales también eran grandes depredadores que cazaban grandes herbívoros o capturaban pequeñas presas, entre las que se encontraban los primeros dinosaurios. Se calcula que el mayor ejemplar de *Postosuchus* conocido podría haber medido aproximadamente entre 4 y 5 metros de longitud. Estos reptiles también vivían en regiones con clima tropical y alta humedad, donde dominaban plantas como los helechos y abundaban los ecosistemas acuáticos.

La extinción del Triásico

El final del período Triásico está representado por una extinción masiva. En especial, este evento tuvo una grave repercusión en los ecosistemas marinos y las especies que los conformaban. Se calcula que desapareció el 76 % de las especies. Por tanto, dicho suceso marca la transición entre el Triásico y el Jurásico, límite que se ha datado en hace unos 201 millones de años. Existe cierto debate académico sobre si se trató de un solo evento de extinción o si, como ocurrió en otros períodos, hubo varios sucesos separados por millones de años.

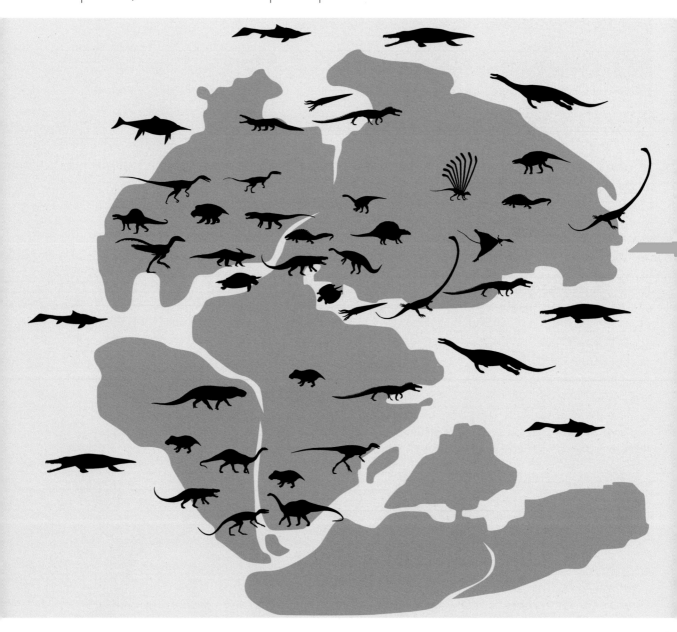

Distribución de los continentes durante el Triásico. La biodiversidad de este período estaba representada por las primeras formas de dinosaurios, además de otros muchos tipos de reptiles.

Durante el Mesozoico, diversas formas de reptiles dominaron el medio marino y el aéreo.

Las causas de la extinción de finales del Triásico aún no están del todo claras, por lo que se han barajado diversas hipótesis. La que tiene más consenso implica unas enormes erupciones volcánicas. Dichos eventos tuvieron lugar cuando el supercontinente Pangea comenzó a dividirse hace unos 202 y 191 millones de años. Una de sus consecuencias fue la formación de la llamada provincia magmática del Atlántico Central, una acumulación extremadamente grande de rocas ígneas, cuya superficie se calcula en más de 7 000 000 km². Actualmente podemos encontrar sus afloramientos en diferentes regiones de Europa, África y América. Debido a esta inmensa actividad volcánica, fueron liberadas grandes cantidades de CO_2, que causaron un calentamiento global, así como la acidificación de los océanos. Además, la liberación de dióxido de azufre y otros aerosoles produjo un posterior enfriamiento del clima.

También se ha propuesto que este evento de extinción tuvo lugar debido al impacto de un meteorito. Concretamente, se ha identificado un cráter de impacto que contiene el embalse Manicouagan en Quebec, Canadá, que se ha datado en hace unos 214 millones de años y tiene un diámetro de 100 kilómetros. Por tanto, es probable que este evento tuviera ciertas implicaciones en la extinción de algunos grupos.

Como hemos comentado, la vida marina fue la más afectada. El grupo de los conodontos desapareció por completo, así como gran parte de los reptiles marinos, salvo los ictiosaurios y plesiosaurios. Los braquiópodos y moluscos, como amonites y bivalvos, también se vieron muy afectados. Además, se produjo un colapso de las comunidades de arrecifes. Dichas desapariciones fueron impulsadas por la acidificación de los océanos. Con respecto a la vida terrestre, aunque no se vio tan alterada, el evento también tuvo consecuencias significativas. Muchos grupos de reptiles arcosaurios desaparecieron, quedando solo aquellos que dieron lugar a cocodrilos, pterosaurios y dinosaurios. Entre los que se extinguieron podemos mencionar a los etosaurios, fitosaurios y rauisuquios, además de los grandes anfibios del grupo de los temnospóndilos.

La principal consecuencia de la extinción del Triásico fue la expansión de los dinosaurios, que ocuparon los nichos que habían quedado disponibles. De esta forma, dichos reptiles se volvieron más dominantes, abundantes y diversos, dando lugar a la Era de los Dinosaurios durante el Jurásico y el Cretácico. Los antepasados de los mamíferos también permanecieron, mientras que plantas como las coníferas y las cícadas supervivientes acabarían dominando los ecosistemas del Mesozoico.

JURÁSICO, COLOSO EN TIERRA

El Jurásico comenzó hace 201 Ma y acabó hace 145 Ma. Toma su nombre de las montañas Jura, que se encuentran entre Francia y Suiza, donde este período se estudió por vez primera.

Reconstrucción en 3D del terópodo carnívoro *Ceratosaurus*.

Este período geológico es uno de los más conocidos en la cultura popular, pues se menciona frecuentemente en películas, televisión y otros medios audiovisuales. No es de extrañar, ya que en ese tiempo vivió un gran número de extravagantes animales, muchos de los cuales se han hecho increíblemente famosos, desde enormes cuellilargos, como *Brachiosaurus*, pasando por reptiles marinos como los plesiosaurios, hasta las primeras aves. Esta sería la edad de oro de los reptiles.

CONTINENTES

El supercontinente Pangea en el que se habían unido todos los continentes se empezó a romper en el Jurásico. El resultado fue Laurasia al norte y Gondwana al sur, cada uno agrupando lo que hoy serían los continentes del hemisferio norte y sur, respectivamente. Conforme la Tierra se adentraba en

el Jurásico, el extremo este de Gondwana se separaría para originar lo que actualmente serían la Antártida, India, Australia y Madagascar dejando estas tierras a un lado y al otro de África y Sudamérica. Estos movimientos no solo vieron nacer nuevas cordilleras como los Andes, sino también nuevos mares y océanos, dejando en el pasado al océano Pantalasa.

Laurasia y Gondwana son el resultado de la separación del gran continente.

CLIMA

El clima seco y árido que dejó atrás la extinción masiva del Triásico dio paso a una nueva Tierra cálida y húmeda con un clima de estilo subtropical. En consecuencia, surgieron exuberantes bosques que contribuyeron a hacer una Tierra más verde. Las nuevas condiciones climáticas promovieron a su vez la generación de ecosistemas costeros cálidos de aguas poco profundas. Este nuevo mundo tropical vio la vida resurgir en nuevas formas, tanto en tierra como en el mar, y, con nuevas incorporaciones, en el aire.

FAUNA Y FLORA

El Jurásico es famoso por un grupo de animales en particular, los dinosaurios. Fue en este período donde empezaron a prosperar y florecer, originando nuevas especies de todo tipo. Fue entonces cuando los primeros titanes caminaron sobre la Tierra. Los dinosaurios más grandes de todos, los saurópodos, vivieron su mayor época de prosperidad en este período. Algunos de sus nombres son ampliamente reconocidos, como *Diplodocus* con su larga cola o *Apatosaurus* con su gran tamaño. Pero no eran los únicos dinosaurios herbívoros. Ornitópodos como *Stegosaurus* también tenían su lugar en los ecosistemas jurásicos, dinosaurios con «cadera de aves» que no están emparentados con estas últimas y que dieron lugar más tarde a los anquilosaurios y los «pico de pato».

Estos nuevos herbívoros se sustentaban gracias a una gran diversidad de flora. Durante este período las plantas con flor no dominaban el paisaje, y los ecosistemas estaban protagonizados por las gimnospermas, entre ellas, las coníferas y los ginkgos. Otras plantas, como los helechos y las cícadas, también participaban en el entorno. Todas ellas constituían la base de todos los ecosistemas jurásicos.

Ginkgo

Los depredadores tampoco estaban lejos. Los terópodos presentaban especies como *Allosaurus* o *Ceratosaurus*, grandes carnívoros, algunos capaces de abatir a los gigantes saurópodos. Dentro de este mismo grupo nacieron además las primeras aves, que compartieron los cielos con sus primos pterosaurios.

No obstante, la fauna jurásica se componía de otros grupos fuera de Dinosauria. En los mares y océanos reinaban los ictiosaurios y plesiosaurios. Los ictiosaurios eran reptiles marinos con aspecto similar al de un delfín. Los plesiosaurios, por otro lado, nadaban con sus cuatro aletas. Entre ellos nadaban otros organismos, como cocodrilos marinos talatosuquios y distintos tipos de tiburones.

Por otra parte, la vida del Jurásico también tenía hueco para los invertebrados. Los amonites prosperaron en los mares junto a otros moluscos, como los belemnites. En tierra, los artrópodos, como los insectos, y los arácnidos continuaron su éxito sin complicaciones.

Saurópodos como este *Apatosaurus* (que fue descrito en 1877 por Othniel Charles Mars) podía alcanzar los 22 m de longitud y fueron los animales terrestres más grandes que habitaron la Tierra.

Plesiosaurio

Nombre: *Plesiosaurus dolichodeirus*
Alimentación: carnívora
Longitud: 3-3,5 m
Período: Jurásico Inferior
Encontrado en: Reino Unido

CUERPO COMPACTO
Característica típica de todos los vertebrados acuáticos.

CUELLO LARGO
Rasgo más distintivo de este grupo de reptiles marinos y sobre el cuál se estudia su posible funcionalidad.

COLA CORTA
Favorece la hidrodinámica.

ALETAS
Cuatros aletas que funcionan de igual manera que las de un pingüino.

ANATOMÍA DE UN PLESIOSAURIO

Plesiosaurus es un reptil sauropterigio, grupo al que pertenecen la mayor parte de los reptiles acuáticos del Mesozoico, excepto los ictiosaurios y mosasaurios.

Los plesiosaurios se caracterizaban por poseer cuatro aletas, una por cada extremidad, que funcionaban del mismo modo que las aletas de los pingüinos actuales, desempeñando lo que se conoce como vuelo subacuático, con la diferencia de que contaban con un par de aletas más que nuestros compañeros aviares. Este novedoso sistema de natación parece ser que tuvo un gran éxito, ya que los plesiosaurios prosperaron desde su edad de oro en el Jurásico hasta la extinción masiva del Cretácico.

LA DIVERSIDAD DE LOS PLESIOSAURIOS

Plesiosaurus se corresponde con el esquema clásico de un plesiosaurio: cuello largo, cuatro aletas, cuerpo compacto y corta cola. Pero no todos los plesiosaurios se corresponden con este modelo.

A menudo y desde antiguo se ha hecho la diferenciación entre los plesiosaurios y los pliosaurios, como podrían ser *Liopleurodon* o *Pliosaurus*, ya que unos muestran un cuerpo grácil con cuellos alargados, mientras que los últimos son más robustos, con cabezas mucho más grandes, mayores mandíbulas y mucho

menos cuello. No obstante, los paleontólogos llevaron a cabo diversos análisis y concluyeron que la diferenciación entre ambos grupos se debía únicamente a criterios morfológicos. Ambos pertenecen a *Plesiosauria* y establecen distintas relaciones de parentesco entre ellos sin tener en cuenta esta diferenciación.

Un rasgo de estos animales muy malinterpretado en la cultura popular es su cuello. Reconstrucciones más antiguas y de gran fama han llevado la idea de la serpiente al cuerpo de estos animales dotándolos de cuellos flexibles y seseantes. Irónicamente, las últimas investigaciones han demostrado que sus cuellos eran estructuras rígidas con una movilidad muy limitada. Así que, a menos que el animal se hubiera roto las cervicales, no es posible que su cuello tuviera la movilidad suficiente entre sus vértebras para imitar la del cuerpo de una serpiente.

Liopleurodon

ESQUELETO DE UN PLESIOSAURIO

A pesar de la creencia de que sus cuellos eran flexibles y seseantes lo cierto es que tanto sus cuellos como sus torsos eran bastante rígidos y solo permitían cierta movilidad en diferentes direcciones, especialmente hacia abajo.

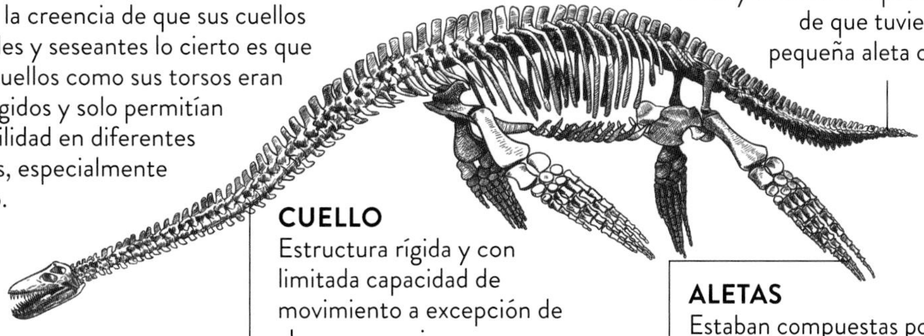

COLA
Corta y se debate la posibilidad de que tuviera una pequeña aleta caudal.

CUELLO
Estructura rígida y con limitada capacidad de movimiento a excepción de algunas especies.

ALETAS
Estaban compuestas por numerosas falanges.

¿Pero por qué tenían esos cuellos tan largos? A pesar de que sus cuellos y torsos eran bastante rígidos, permitían cierta movilidad en diferentes direcciones, especialmente hacia abajo. De hecho, se han encontrado restos de crustáceos y otros invertebrados entre los fósiles de estos animales. Todo parece indicar que nadaban paralelos al fondo marino, estiraban sus cuellos hacia abajo y pasaban en barrido capturando pequeños invertebrados con sus mandíbulas. Sin embargo, no todos los plesiosaurios tenían el mismo rango de movimientos en sus cuellos. *Nichollssaura* apenas podía mover el suyo en vertical, pero a diferencia de sus otros parientes tenía una gran movilidad de lado a lado. Es posible que distintos plesiosaurios presentasen diferentes estilos de alimentación en función de la movilidad de sus cuellos. Mientras los anteriores se alimentaban del suelo marino, animales como *Nichollssaura* podían capturar peces y calamares de bancos que se formasen en la columna de agua. Una muestra más de la gran diversidad de este grupo y las claves de su éxito.

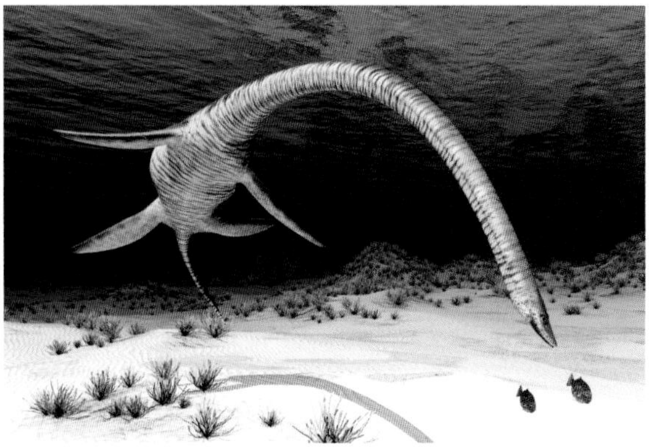

LA CAZADORA DE DRAGONES MARINOS

El descubrimiento de *Plesiosaurus* entre otros reptiles marinos mesozoicos en las costas inglesas se debe a uno de los personajes históricos más ignorados por la ciencia hasta ahora: Mary Anning.
Nacida en 1799 en una familia humilde, Mary Anning era una recolectora de fósiles que se dedicaba a buscar restos en los acantilados del sureste de Inglaterra. Siguiendo con el negocio de su padre, vendía estos ejemplares a los turistas como sustento.
Aun así, Anning hizo grandes descubrimientos en las costas inglesas: invertebrados, coprolitos, peces, pterosaurios y reptiles marinos, entre ellos, *Icthyosaurus* y *Plesiosaurus*. Además, acompañó sus descubrimientos de descripciones y detallados dibujos que se conservan aún hoy.
Sin embargo, su género, procedencia humilde y la religión dificultaron su labor científica. La Sociedad Geológica de Londres no la aceptó entre sus filas y sus descubrimientos no siempre le fueron acreditados. Mary Anning fue durante mucho tiempo olvidada por la historia.
Ahora es cuando entendemos el enorme papel de esta mujer en la paleontología. Mary Anning, que murió de cáncer de mama a los 47 años, fue una de las primeras paleontólogas. Una mujer que cada día tenía que ganarse el pan y que constantemente tenía que luchar para que se la escuchase.

Brachiosaurus

Nombre: *Brachiosaurus altithorax*
Alimentación: herbívora
Longitud: 20 m
Período: Jurásico Superior
Encontrado en: Norteamérica

Brachiosaurus es un dinosaurio saurópodo, grupo conocido popularmente como «cuellilargo». Este animal fue descubierto en 1903 en Colorado (Estados Unidos). Aparte de su largo cuello, pequeña cabeza y colosal tamaño, se diferencia de otros saurópodos en que sus patas anteriores son más largas que las posteriores.

Brachiosaurus es un dinosaurio saurópodo, grupo conocido popularmente como «cuellilargos».

Irónicamente, las imágenes más reconocibles de *Brachiosaurus* no pertenecen a este animal. En 1914, en Tanzania, se describió otra nueva especie de este género, pero en 2009 se descubrió que no se trataba de *Brachiosaurus*, sino de otro saurópodo, *Giraffatitan*.

¿BUZOS CUELLILARGOS?

Desde su descubrimiento, *Brachiosaurus* ha suscitado cientos de interrogantes a los investigadores. Uno de ellos se centraba en la posición de su nariz. El cráneo de este dinosaurio indica que sus orificios nasales se situaban bastante elevados en relación con su cabeza. Además, en la época se consideraba que no era posible que un animal de tales dimensiones viviera en tierra e incluso que sus dientes no soportaron la dieta dura de las plantas terrestres, sino otras más blandas y suaves.

Es así como surgió la idea de que este saurópodo era un animal acuático. Las narinas altas y su largo cuello actuarían como un enorme tubo de esnórquel. Esta hipótesis quedó refutada hace tiempo, cuando se comprobó que los saurópodos, como todos los dinosaurios, eran animales completamente terrestres. Sin embargo, hay algunos que siguen insistiendo en estas hipótesis antiguas llegando a afirmar que estos animales solo podían reproducirse en el agua por la limitación de su peso. La comunidad paleontológica ha desechado estas ideas una y otra vez.

Hasta se han originado sátiras y parodias como el videojuego *Lemme Splash*, donde el jugador encarna a un saurópodo que debe caer en la poza donde está su compañera. Está disponible de forma gratuita por internet para el disfrute de cualquier amante de la paleontología.

LOS TITANES DEL MESOZOICO

Los saurópodos son un grupo de dinosaurios que apareció a finales del Triásico. Se encuentran cercanamente emparentados con los terópodos, con los cuales comparten la «cadera de reptil» típica de los saurisquios, grupo al que, irónicamente, pertenecen también las aves. Si algo caracteriza a estos animales son sus cuellos largos y sus enormes tamaños. Sin embargo, no todos los saurópodos eran enormes. Un ejemplo es *Magyarosaurus*, que tenía el tamaño de un poni por un claro caso de enanismo insular. Pero, por otra parte, tenemos especies como *Argentinosaurus*, cuyas últimas estimaciones le atribuyen de una longitud de más de 30 metros, más que el animal actual más grande, la ballena azul.

¿Cómo pudieron alcanzar esos tamaños los saurópodos? Se han propuesto numerosas hipótesis para explicar esta incógnita: alta concentración de oxígeno atmosférico, que eran en realidad animales acuáticos, la aparición de grandes depredadores, una fuerza de la gravedad menor en la Tierra antigua... Lo cierto es que por gigantescos que puedan parecernos estos animales, su esqueleto pesaba mucho menos de lo que podríamos pensar, y es que este grupo empezó a presentar huesos huecos o neumáticos. Saurópodos y terópodos compartían esta característica que resultó clave a la hora de permitir el vuelo de las aves. Con todo, el esqueleto de estos animales se hizo mucho más ligero permitiéndoles alcanzar mayores tamaños sin llegar a ver sus cuerpos comprometidos por la gravedad.

Pero no solo los huesos ayudaron. El cuello largo les permitía acceder a nuevos recursos inalcanzables para otros animales y su respiración similar a la de las aves les aportaba grandes cantidades de oxígeno. Todos estos componentes fueron la clave de su éxito haciendo que estos animales perduraran hasta el final de la época de los dinosaurios no avianos, justo cuando un enorme meteorito impactó contra la Tierra hace 66 millones de años.

SAURÓPODOS

Camarasaurus

Brachiosaurus

Giraffatitan

Diplodocus

Apatosaurus

Archaeopteryx

Nombre: *Archaeopteryx lithographica*
Alimentación: carnívora
Longitud: 50 cm
Período: Jurásico Superior
Encontrado en: Alemania

El origen de las aves fue un tema ampliamente debatido desde antiguo. Según avanzaba el siglo XIX iban surgiendo nuevas hipótesis hasta que la aparición de unos restos fósiles excelentemente conservados llevó a los expertos a replantearse el árbol de la vida y la relación entre los reptiles y las aves.

Archaeopteryx es una especie representativa de las primeras aves que vivieron en nuestro planeta. Poseía alas y plumas como un ave, pero garras y dientes como un reptil.

Archaeopteryx lithographica es un pequeño dinosaurio perteneciente al grupo de las aves actuales. Por lo tanto, fue una de las primeras aves de la historia de nuestro planeta. Datada hace 150 Ma, sus primeros restos se encontraron en Solnhofen, Alemania. En un principio, solo se descubrió una única pluma fosilizada. Encontrada en 1861, esta pluma tenía una peculiaridad, y es que mostraba un raquis, un eje asimétrico, característica propia de las plumas de aves voladoras. Así, se bautizó a este animal como *Archaeopteryx* o «ala antigua». Más tarde, se comenzaron a desenterrar ejemplares concretos ofreciéndonos el icónico esqueleto en 1875 que hoy se expone en el Museo de Historia Natural de Berlín.

¿ESLABÓN PERDIDO?

Desde su descubrimiento, *Archaeopteryx* o *Urvogel*, como se conoce en alemán, despertó multitud de dudas entre los naturalistas. Un animal con plumas como un ave, pero cola larga, dientes y garras como las de un reptil, ¿sería el eslabón perdido entre reptiles y aves? Curiosamente, el descubrimiento de aquella primera pluma sucedió justo dos años después de la publicación de *El origen de las especies*, de Charles Darwin.

La aparición del fósil completo provocó un gran revuelo entre los académicos de la época. No podían existir animales «transicionales» porque Dios había creado a todos los organismos y se habían mantenido así desde el principio de los tiempos. Sin embargo, ahí estaba *Archaeopteryx*, lo que parecía ser un híbrido entre un pájaro y un lagarto. Darwin defendía que las especies cambiaban con el tiempo, que los organismos se organizan en poblaciones y que de ellas surgían especies distintas. De dónde surgían esas diferencias era difícil de saber en tiempos en los que la genética empezaba a dar sus primeros pasos.

La conclusión lógica de la teoría de Darwin es que en el Registro Fósil podían verse evidencias de esos cambios o «transiciones», y nuestra ave con dientes y garras era un notable ejemplo. Actualmente sabemos que el concepto de organismos transicionales o eslabones perdidos no tiene sentido. La evolución es un continuo, un árbol con cientos de miles de ramificaciones, y no una línea recta que podamos seguir. Por ello este animal no es un estado intermedio para llegar a otro, sino un organismo que vivió en un período determinado siendo plenamente funcional con la morfología que la naturaleza le había dotado. De hecho, *Archaeopteryx* se ha revelado como una de las primeras aves, aunque sea muy distinta a las actuales, por lo que no es tan cercana a los reptiles como en un principio se pensó.

Una de las preguntas más frecuentes sobre *Archaeopteryx* es su capacidad de vuelo. Como ave antigua, este animal nos da una gran oportunidad para estudiar el origen del vuelo en las aves.

Durante años se han realizado estudios y análisis para determinar el estilo de vida y la capacidad de vuelo de esta ave primitiva. ¿Planeaba de rama en rama? ¿Se propulsaba por pequeños saltos? ¿Era capaz de despegar desde el suelo?

Aunque es cierto que la musculatura de este organismo no está tan increíblemente desarrollada como la de las aves actuales, sí cuenta con adaptaciones que le habrían facilitado este movimiento. Por ejemplo, el ángulo de su cola favorece el despegue y el primer dedo de sus manos podría actuar como un álula primitiva y ayudar al mayor control de las alas en vuelo.

Con todo, parece probable que no llevase a cabo un aleteo o vuelo activo durante mucho tiempo. Esto no elimina la posibilidad de que hiciera vuelos cortos o planeara.

VUELO

Aunque es difícil reconstruir su estilo de vida, sabemos que la Alemania de hace 150 Ma era un entorno árido y con pocos árboles. Predominaban los arbustos, así que es posible que nuestra ave hiciera vida predominantemente en tierra o que viviese saltando entre arbustos. Futuras investigaciones esclarecerán la vida de esta ala antigua.

Archaeopteryx es una criatura que parece ser medio pájaro, medio reptil. Vivió en el periodo Jurásico hace unos 150 millones de años.

Cocodrilos del Jurásico

Solemos escuchar que los cocodrilos son animales antiquísimos, procedentes de la época de los dinosaurios como descendientes de los mismos. Esto es falso. Los cocodrilos modernos no hicieron su aparición hasta el final de la época de los dinosaurios, por lo que son animales que pertenecen más a la época de los mamíferos que a la anterior era de los reptiles.

Dakosaurus, reptil de agua salada.

Además, los cocodrilos no son dinosaurios. Es más, ni siquiera están cercanamente emparentados. Ambos pertenecen a un grupo o taxón conocido como arcosaurios. Dentro de los arcosaurios encontramos cocodrilos, pterosaurios, dinosaurios y aves. Los cocodrilos son primos lejanos de los dinosaurios, pero ni mucho menos sus descendientes más cercanos. Sin embargo, los cocodrilos actuales son una fracción muy pequeña de toda la diversidad de cocodrilos que la Tierra ha visto nacer. A continuación, vamos a conocer a los cocodrilos antiguos.

COCODRILOS DEL JURÁSICO

Los cocodrilos antiguos o cocodrilomorfos fueron un grupo muy diverso dentro del cual se encuentran los cocodrilos actuales, como los gaviales o los caimanes. Los cocodrilomorfos del Jurásico poco se parecen a los cocodrilos de ahora. Tras el Triásico, los cocodrilos comenzaron a ocupar distintos nichos ecológicos. Estos antecesores aparecieron en el Triásico y vieron florecer a numerosos de sus representantes en el Jurásico.

En tierra, los notosuquios que vivían en Gondwana eran animales exclusivamente terrestres. Presentaban una gran variedad de formas. Algunos eran herbívoros con mandíbulas parecidas a las de ciertos mamíferos, llegando incluso a tener molares; otros eran omnívoros o carnívoros estrictos. Otras especies poseían osteodermos a modo de armadura de una manera parecida a la de los armadillos.

Por otro lado, en los mares vivió *Thalattosuchia*, más conocidos como cocodrilos marinos. Aunque en la actualidad exista el cocodrilo de agua salada (*Crocodylus porosus*), su estilo de vida poco tiene que ver con el de los talatosuquios. Los cocodrilos de agua salada viven comúnmente en estuarios o entornos de aguas salobres. Rara vez se adentran en mar abierto. Pero los talatosuquios eran completamente acuáticos y vivían en los océanos desde el Jurásico hasta principios del Cretácico. Algunos de ellos llegaron a poseer aletas y una piel lisa que favorecía la natación, llegando a convivir con otros reptiles marinos, como los plesiosaurios. También se han encontrado estos animales en entornos de agua dulce.

Los talatosuquios y los cocodrilos actuales (*Crocodylia*) forman *Neosuchia*. Este grupo reúne todas las características que definen en mayor medida a los cocodrilos. Es decir, los cocodrilos actuales, en definitiva, son una pequeña fracción de todo lo que este grupo fue en el pasado.

ANATOMÍA DE UN *CROCODYLIA*

MANDÍBULAS
Su mordida es muy potente. Había cocodrilos antiguos con heterodoncia, es decir, presentaban dientes especializados como los molares de los mamíferos.

CABEZA
Su característico cráneo poseía un segundo paladar similar al que presentamos los mamíferos en el cielo de la boca.

PATAS TRASERAS
Gracias a la estructura única de la articulación de sus extremidades, estos animales pueden arrastrarse, caminar erguidos y hasta galopar.

PATAS DELANTERAS
Se debate sobre la posibilidad de que algunos cocodrilomorfos hubieran sido bípedos.

COLA
En los cocodrilos adaptados a la natación, la cola es una potente estructura musculosa capaz de propulsar sus enormes cuerpos. En las especies marinas, contaba con una aleta caudal.

UNA GRAN DIVERSIDAD
Los cocodrilos como los del Nilo, los caimanes y los gaviales, como cocodrilos, son la culminación de un viaje evolutivo de cientos de millones de años. Son una pequeña porción de toda la historia de un grupo de reptiles de gran éxito, los crurotarsales, como es un grupo de arcosauriomorfos caracterizado por una articulación inusual en los huesos de las muñecas y tobillos. A diferencia de sus primos dinosaurios y pterosaurios, los crurotarsales pueden desarrollar distintos tipos de marchas. Es un detalle que aún podemos apreciar en los cocodrilos de hoy. Pueden desplazarse arrastrándose por el suelo, alzando su cuerpo por encima del suelo e incluso pueden galopar, frecuente entre los cocodrilos cubanos.

Esta gran variedad de movimientos les ha permitido explorar distintas posibilidades morfológicas. De esta manera tenemos depredadores, como los pseudosuquios, sobre los cuales los investigadores plantean la posibilidad de que pudieran correr en marchas bípedas.

También tenemos los fitosaurus, parientes lejanos de los cocodrilos de los que en un principio se pensó que eran herbívoros. Más tarde se descubrió que habían desarrollado de forma convergente el mismo estilo de vida semiacuático que sus primos actuales. Como se puede ver, los cocodrilos actuales no son «el fósil viviente» que creíamos. Son animales modernos altamente especializados en la vida semiacuática ocupando riberas, estuarios y otros entornos entre la tierra y el agua.

Los gaviales son cocodrilos en peligro crítico de extinción que habitan aguas continentales en la actual India.

CRETÁCICO, EL FIN DEL REINADO DE LOS DINOSAURIOS

El período Cretácico dio comienzo hace 145 Ma y vio su fin en la quinta extinción masiva de la Tierra, que sucedió hace 66 Ma. Los últimos días de los dinosaurios se caracterizaron por una diversidad creciente de muchos de sus grupos, así como por la aparición de las primeras plantas con flor y los prometedores pasos de los mamíferos y aves que posteriormente se convirtieron en las faunas dominantes.

Reconstrucción de *Pachyrhinosaurus*, dinosaurio ceratópsido que vivió a finales del Cretácico en Norteamérica.

Laurasia y Gondwana comenzaron a dividirse en distintas masas de tierra generando los continentes que hoy en día nos son reconocibles. Poco a poco fue naciendo el Atlántico según América se separaba de África y Eurasia, ganando en tamaño con el paso de los millones de años. De hecho, aún hoy la dorsal atlántica aporta cada año nuevos centímetros a su extensión.

CONTINENTES

La Antártida, Australia y la India también comenzaron a separarse. Es más, la India quedó como una isla a la deriva con rumbo de colisión contra Asia. Más tarde, en el Cenozoico, ambas tierras se encontraran generando la cordillera del Himalaya y las lluvias del monzón.

Todo este movimiento de continentes formó nuevos territorios costeros que aprovecharon las especies marinas. Uno de ellos fue justamente donde se localiza el cráter del impacto del meteorito que provocó la extinción.

Paleógeno
66 millones de años

CLIMA

El Cretácico fue uno de los períodos más cálidos de la historia de la Tierra. Las temperaturas eran suaves y se extendían por todo el globo. Apenas había casquetes polares, ni siquiera en los polos, a excepción de las regiones alpinas. De esta forma los animales polares del Cretácico seguían experimentando los ciclos de oscuridad total y luz que aún hoy vemos, pero no había hielo permanente, a excepción de algunas nevadas. Sin embargo, hacia el final del período, y junto con la extinción del Cretácico-Paleógeno (K-Pg) de hace 66 Ma, el clima se enfrió influido por una bajada del nivel del mar y las consecuencias del impacto meteorítico.

FAUNA Y FLORA

El Cretácico continuó la bonanza que trajo el Jurásico. Los dinosaurios siguieron prosperando y diversificándose en nuevas especies y formas, entre ellas, nuevos tipos de herbívoros, como los hadrosaurios o los ceratópsidos. En los mares, los reptiles marinos, como los plesiosaurios y los ictiosaurios, seguían viviendo entre las aguas. A ellos se unieron los mosasaurios, parientes de los lagartos monitores actuales, que vieron su esplendor a finales de este período. Entre ellos, invertebrados, como los amonites, belemnites y otros moluscos prosperaron hasta la llegada del meteorito que dio fin al Cretácico.

Los pterosaurios seguían siendo los señores del aire, aunque empezaban a compartir su reino con las aves. Los vertebrados no estaban solos en los cielos, pues nuevos insectos zumbaban entre las primeras flores. Todos estos nuevos insectos provenían de una nueva relación con otro tipo de organismos, las plantas con flores. Es en el Cretácico cuando encontramos las primeras plantas con flores y frutos. En el Cenozoico, formaron la base de gran parte de los ecosistemas terrestres. Pero en este período aún no presentaban tantas especies y compartían espacio con sus parientes sin flores, como las cícadas o las coníferas.

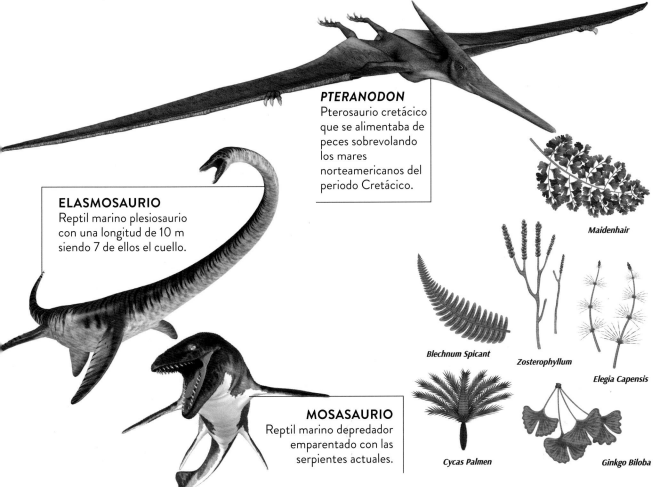

PTERANODON
Pterosaurio cretácico que se alimentaba de peces sobrevolando los mares norteamericanos del periodo Cretácico.

ELASMOSAURIO
Reptil marino plesiosaurio con una longitud de 10 m siendo 7 de ellos el cuello.

MOSASAURIO
Reptil marino depredador emparentado con las serpientes actuales.

Maidenhair

Blechnum Spicant

Zosterophyllum

Elegia Capensis

Cycas Palmen

Ginkgo Biloba

Tyrannosaurus rex

Nombre: *Tyrannosaurus rex*
Dieta: carnívora
Longitud: 12 m
Periodo: Cretácico Superior
Encontrado en: Norteamérica

Tyrannosaurus rex con una longitud de 12 m es uno de los carnívoros terrestres más grandes de todos los tiempos y uno de los más famosos en la cultura popular.

Tyrannosaurus rex, también abreviado como *T. rex*, fue descrito en 1902 por Barnum Brown y su nombre significa «rey lagarto tirano». Curiosamente, este no fue el primer nombre que recibió.

Edward Drinker Cope, el famoso paleontólogo que participó en la guerra de los Huesos con Othniel Charles Marsh, encontró en 1892 fragmentos fósiles de esta especie y la llamó *Manospondylus gigas* o «vértebra porosa gigante» creyendo que era un ceratópsido, el mismo grupo de animales al que pertenece *Triceratops horridus*. Más tarde, en 1905 Henry Fairfield Osborn describió otro resto como *Dynamosaurus imperiosus* o «poderoso lagarto imperial», pero al año siguiente reconoció que se trataba de la misma especie que Brown había descrito.

EL CARNÍVORO TERRESTRE MÁS GRANDE

Tras siglos de investigación y excavación paleontológica, se fueron encontrando nuevos esqueletos. Entre ellos, destacan ejemplares como Sue, de 12,8 metros de largo, expuesto en el Field Museum of Natural History de Chicago (Estados Unidos), o Scotty, el más grande descubierto con 13 metros, que se encuentra en el T. rex Discovery Centre en Saskatchewan, Canadá. No es de extrañar que durante años se considerase al *T. rex* como el carnívoro terrestre más grande que ha pisado nuestro planeta. Pero descubrimientos más recientes han revocado el título a esta especie con terópodos como *Carcharodontosaurus saharicus* o el mayor carnívoro terrestre jamás descubierto hasta la fecha, *Spinosaurus aegyptiacus*, con la friolera de 14 a 18 metros de longitud.

Spinosaurus aegyptiacus.

¿CAZADOR O CARROÑERO?

El aspecto de *T. rex* ha suscitado desde antiguo interrogantes entre los paleontólogos. Uno de ellos era sobre sus métodos de caza o cómo encontraba el alimento que necesitaba para sustentarse una criatura tan grande. En este asunto, un paleontólogo, Jack Horner, promovió la idea de que este carnívoro era fundamentalmente carroñero.

Su idea se basaba en varios hechos: las pequeñas extremidades superiores, una mandíbula capaz de triturar huesos y que tenía la mayor potencia de mordida de todo el reino animal, su tamaño, que le hacía ser relativamente lento, ojos pequeños y un extraordinario sentido del olfato, según había revelado el estudio de su cráneo. Horner sostenía que todas estas características le inclinaban a pensar que este animal podría haber sido mayoritariamente carroñero. Sin embargo, Horner nunca llegó a ofrecer estudios minuciosos que respaldasen su hipótesis.

En cambio, Thomas Richard Holtz Jr. sí aportó información relevante que determinaba que la idea de Horner no tenía base. Las pequeñas manos del tiranosaurio tenían más fuerza de la que podía parecer, y muchos animales actuales cazan sin tener que usar algún grupo de extremidades, como las águilas. Las poderosas mandíbulas ayudan tanto a romper carcasas como a resistir el forcejeo con una presa viva. Los estudios de biodinámica determinaron que, aunque no excesivamente veloz, era capaz de correr a una velocidad que le permitiría desenvolverse en una persecución. Sus ojos, a pesar de ser pequeños, tenían una agudeza visual comparable a la de las aves de presa. Y, por último, el sentido del olfato también se encuentra muy desarrollado en animales depredadores.

La realidad es que muy pocos animales son estrictamente carroñeros. Cualquier depredador aprovecha la oportunidad de comer carroña cuando tiene ocasión, ya que supone un coste energético menor. Así pues, el *T. rex* era un cazador y un carroñero.

UN DILEMA FAMILIAR

En 1998 se encontraron unos restos de terópodo muy parecidos a *Tyrannosaurus*, pero con una constitución mucho más grácil. En un principio se pensó que era una nueva especie, que se nombró como *Nanotyrannus* o «pequeño tirano».

No obstante, estudios más recientes han determinado que todos los ejemplares que se han encontrado de esta especie son juveniles o inmaduros. Estos descubrimientos generaron un debate entre los investigadores sobre la validez de esta especie. ¿Se trata de un tiranosaurio joven o es un animal distinto? Los defensores de esta última postura exponían que eran demasiado diferentes. De hecho, los brazos de *Nanotyrannus* eran más grandes que los de *T. rex*. ¿Cómo es posible que sean el mismo animal?

Sin embargo, las últimas investigaciones han sacado a la luz cómo funcionaba el crecimiento del rey lagarto tirano. Los ejemplares jóvenes eran delgados, gráciles y presentaban extremidades más alargadas y delgadas. Conforme crecían, tornaban en adultos mucho más masivos y corpulentos, llegando a cambiar las proporciones de sus cuerpos. A la luz de estos resultados, es altamente probable que *Nanotyrannus* sea un juvenil de *T. rex*. Estudios futuros se encargarán de desechar esta especie por completo.

Nanotyrannus.

Las plantas angiospermas

Las angiospermas o plantas con flores son un grupo único en el reino vegetal, ya que poseen un órgano completamente novedoso en su grupo: la flor. Y a su vez, las flores generan una estructura igual de innovadora: el fruto. La flor es la estructura reproductora de las angiospermas.

Una flor es la unidad reproductiva de una angiosperma, la que generará el fruto.

LA FLOR
Consta normalmente de las siguientes partes:

LOS ESTAMBRES
Tienen unos filamentos rematados en unos sacos que contienen el polen. El polen constituye el gameto masculino de la planta que fecunda a los óvulos. Es el equivalente a nuestro espermatozoide animal.

EL PISTILO
Es cada unidad del órgano femenino de una flor.

EL CÁLIZ
Forma un conjunto circular de hojas sobre el que toda la flor se asienta en la planta, en el pedicelo.

EL OVARIO
Donde se resguardan los óvulos y se conecta al exterior mediante un largo tubo llamado estilo con prolongaciones que permiten recoger el polen conocidas como estigma.

LA COROLA
Una corona de hojas modificadas o pétalos. Puede tener distintas formas y colores. Su función es la de atraer a los polinizadores mediante patrones o colores llamativos.

EL PEDÍCELO
El rabillo que une cada flor al eje de la inflorescencia.

Pistilo

Esta

Corola
con pétalos

Ovario

Pedicelo

Cál

Cuando sucede la fecundación, el embrión dentro del ovario formará la semilla y comenzarán a engrosar distintas partes de la flor. Normalmente, el ovario engorda sus paredes de tal forma que envuelve a la semilla en un tejido cargado de azúcares y otros nutrientes que pueden resultar de interés para los animales. En otros casos lo que engorda es el pedicelo y en otros, en vez de generar una cubierta carnosa, crean una coraza que protege a la semilla, como ocurre en los frutos secos. Con todo, la semilla queda protegida y preparada para su dispersión.

REPERCUSIÓN

Las flores dieron paso a nuevos tipos de relaciones entre las plantas y los animales. Las angiospermas requieren que se transporte su polen de una planta a otra, y aunque algunas confían en el viento o el agua, la gran mayoría ha coevolucionado con otros animales de modo que estos esparcen su polen.

Dichos animales son los polinizadores, los mensajeros de la herencia de las plantas con flor, de los cuales la gran mayoría son insectos. Pero sus servicios no son gratis. A cambio, las plantas les ofrecen néctar, una sustancia azucarada. Algunas plantas hacen trampa y engañan a sus polinizadores para hacer la labor sin dar nada a cambio. Otras han llegado a crear elaborados sistemas, desde trampas que fuerzan al polinizador a salir por un único orificio en contacto con el polen hasta adoptar la forma de una hembra de avispa confundiendo a los

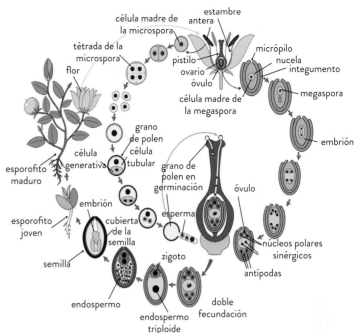

Ciclo de vida de una planta.

machos que intentan copular con la planta y acaban con el polen de la misma.

En consecuencia, plantas y polinizadores han evolucionado juntos en un fenómeno que se conoce como coevolución. Esto explica la gran diversidad de insectos y flores que tenemos hoy en día.

El impacto de las angiospermas no termina ahí. Los frutos y nuevos organismos vegetales dieron nuevas fuentes de alimento a los herbívoros provocando que surgieran nuevos animales capaces de aprovechar este nuevo. Con todo, las angiospermas cambiarían el paisaje para siempre y se convertirían en las plantas dominantes tras la extinción del Cretácico.

FLORES TEMPRANAS

El Registro Fósil de las angiospermas es pobre y en raras ocasiones estas tienen buen grado de preservación. Los registros más antiguos que se tenían procedían del Cretácico. Sin embargo, nuevos hallazgos han revolucionado lo que se conocía sobre el origen de las angiospermas, pues se han encontrado fósiles de estas plantas que se remontan al Pérmico. Aun así, las angiospermas no empezarían a conformar una flora importante hasta el Cretácico, modificando para siempre los ecosistemas venideros.

Mosasaurus

Nombre: *Mosasaurus hoffmannii*
Alimentación: carnívora
Longitud: 10-18 m
Período: Cretácico Superior
Encontrado en: toda la costa atlántica

Mosasaurus es una criatura que parece sacada de un cuento de pesadilla. Ha cautivado la imaginación de muchos con sus grandes fauces, sus grandes cuerpos y su aspecto reptiloide.

Cocodrilos, plesiosaurios, dinosaurios... Los mosasaurios se parecían a todos estos animales, pero no estaban emparentados con ninguno de ellos. Eran lepidosaurios escamosos situándose dentro del mismo grupo que otros reptiles, como lagartos, iguanas, serpientes y camaleones.

A menudo se le relaciona con los cocodrilos, cuando no están emparentados con ningún arcosaurio. Estos animales son lepidosaurios escamosos, lo que significa que a efectos prácticos son lagartos, con la salvedad de que sus cuerpos se han visto adaptados a la vida acuática.

DESCRIPCIÓN

Muchas reconstrucciones antiguas les dan un aspecto serpenteante o cocodriliano, pero lo cierto es que estos animales tenían aletas caudales parecidas a las de los tiburones o ictiosaurios y unas pectorales similares a las de otros reptiles marinos, pero con mayor capacidad de rotación y con los dedos más marcados en la estructura de la aleta.

Con todo, estos animales tienen un aspecto similar al de otros vertebrados marinos de la época, como los plesiosaurios o los cocodrilos marinos, a pesar de tener orígenes distintos. Es un claro caso de lo que en biología se conoce como evolución convergente; especies distintas llegan a morfologías parecidas como resultado de la evolución adaptativa en un medio compartido.

DIETA

Las enormes mandíbulas de estos animales y sus robustos dientes puntiagudos no dejan dudas sobre su dieta. Como muchos otros lagartos, los mosasaurios eran depredadores carnívoros. Es más, contaban con una articulación intramandibular que les confería un mayor rango de movimientos en las fauces, pudiendo mover la mandíbula inferior de lado a lado.

Actualmente vemos numerosas obras que representan a estos animales como devoradores de grandes animales marinos. Pero aunque es posible que se alimentara de grandes animales, como tortugas u otros reptiles marinos, también es cierto que gran parte de su dieta se basaba en presas más modestas, como peces o moluscos. Si observamos detenidamente los dientes de los mosasaurios, apreciaremos que son bastante romos. Y una dentición de ese tipo es muy útil a la hora de romper conchas de moluscos como los amonites.

De hecho, el Museo de San Diego de Historia Natural (Estados Unidos) presenta una concha de

AMONITES HETEROMORFO
Los dientes romos de los mosasaurios son muy útiles a la hora de romper las conchas de los amonites.

AMONITES
Cefalópodos con conchas externas enrolladas.

TORTUGAS
A pesar de su duro caparazón y de su tamaño eran presas potenciales de los mosasaurios.

BELEMNITES
Cefalópodos muy parecidos a los calamares actuales con una concha interna que ha dejado numerosos restos fósiles.

amonites con unas extrañas perforaciones. Estos agujeros se encuentran alineados en forma de un triángulo que coincide con gran precisión con los dientes de las mandíbulas de un mosasaurio. ¿Podría ser una evidencia directa de la alimentación de estos animales? Es bastante probable. Este tipo de dieta basada en organismos con conchas o caparazones se conoce como dieta durófaga. Y aunque parece que los mosasaurios la practicaban con asiduidad, no debemos olvidar que eran perfectamente capaces de comer otros animales más blandos, como sepias, calamares, peces u otros reptiles marinos.

Así pues, los mosasaurios se encuentran estrechamente emparentados con los lagartos monitores o varanos y las serpientes. Incluso estudios recientes empiezan a mostrar una estrecha relación entre nuestros dragones acuáticos y las serpientes. Aunque hace falta un mayor número de estudios que desechen la posibilidad de la convergencia evolutiva, todo parece indicar que los mosasaurios eran el grupo hermano de las serpientes. Es decir, ambos procedían de un antecesor común. ¿Significa esto que las serpientes tienen su origen en el mar? Puede que no sea una idea del todo descabellada. *Pachyrhachis* era una serpiente primitiva que data del Cretácico Superior, era marina y poseía extremidades apreciables. Futuros estudios serán los que acaben por esclarecer todas estas incógnitas que despiertan estos majestuosos animales de los mares del Cretácico.

Varano o lagarto monitor (*Varanus salvator*) en Sri Lanka.

Hesperornis

Nombre: *Hesperornis regalis*
Alimentación: piscívora
Longitud: 1,80 m
Período: Cretácico Superior
Encontrado en: Norteamérica y Rusia (otras especies del mismo género)

En 2016 se publicó un curioso descubrimiento. Los huesos de la pata de un joven *Hesperornis* mostraban marcas de haber sido atacado por un depredador, un plesiosaurio. Pero las marcas no quedaban ahí, sino que el hueso indicaba signos de infección y crecimiento, lo que significa que el ave sobrevivió al ataque inicial y a la infección hasta llegar a la edad suficiente para desarrollar huesos maduros propios de un adulto.

Como este fósil, existen muchos otros que presentan ataques de depredadores, roturas, infecciones y otras patologías. La disciplina dentro de la paleontología encargada del estudio de estas enfermedades o trastornos es la paleopatología.

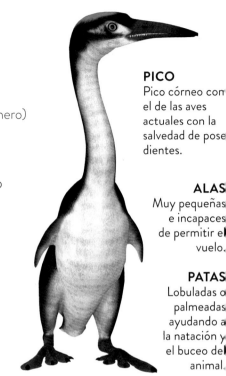

PICO
Pico córneo con el de las aves actuales con la salvedad de pose dientes.

ALAS
Muy pequeñas e incapaces de permitir el vuelo.

PATAS
Lobuladas o palmeadas ayudando a la natación y el buceo del animal.

Hesperornis es un género de pájaros acuáticos.

UN PICO CON DIENTES

Hesperornis fue un ave acuática marina muy similar a los cormoranes actuales, aunque eran parientes lejanos de estos, un buen ejemplo de la convergencia evolutiva entre ambos géneros de animales. Sus patas se situaban de una forma similar a la de los colimbos actuales. Sin embargo, se debate si en tierra se movían como ellos, arrastrándose, o presentaban una locomoción similar a la de los cormoranes actuales, caminando erguidos. Muy probablemente tuvieran las patas lobuladas o palmeadas como las de muchas aves acuáticas. Esta ave cretácica tenía un característico pico con dientes que se situaban por toda la mandíbula inferior y la parte trasera de la superior; la zona sin dientes estaba cubierta por el pico.

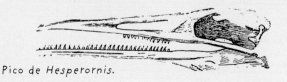

Pico de Hesperornis.

Cormorán de doble cresta con su pico abierto.

PALEOPATOLOGÍA

La paleopatología nos permite entender las relaciones entre distintos organismos, como las heridas provocadas por la depredación o heridas entre peleas con individuos de la misma especie. También las enfermedades que pudieron afectar a los seres vivos del pasado y si sucumbían o resistían a las mismas. Pero no solo eso, sino que nos ha ayudado a comprender cómo afectaban las enfermedades a las propias poblaciones humanas. Desde los yacimientos de Atapuerca hasta poblados humanos medievales, se pueden ver en los huesos fenómenos como la artrosis, los efectos de la peste, escoliosis, fracturas de huesos y raquitismo, entre otros.

Todo esto es posible gracias a que los huesos están constituidos por tejido vivo. A menudo nos olvidamos de que nuestros huesos, aparte de calcio, contienen células que constantemente modelan su forma al destruir y regenerar su matriz de calcio. Es un tejido dinámico que reacciona y está en cambio constante. Por ello, cuando sucede una infección o una rotura, el hueso reacciona y deja tras de sí una callosidad o una marca. Gracias a los entrenados ojos de los expertos, estas marcas nos ayudan a determinar los procesos de curación por los que el hueso pasó o las alteraciones que hicieron en él diversos trastornos o enfermedades. Es una puerta abierta a conocer la vida de los humanos y animales del pasado, su modo de vida y cómo se enfrentaban a diversas patologías.

OTROS DINOSAURIOS ACUÁTICOS

Aparte de la gran diversidad de aves acuáticas que existen actualmente en nuestro planeta, como pingüinos, garzas, gaviotas, etc., otros dinosaurios, tanto avianos como no, tenían las masas de agua dulce y salada como su hogar. *Hesperornis* habitaba en zonas costeras cálidas de aguas bajas, pero algunas especies encontraron su nicho en aguas continentales. Otro ejemplo es *Icthhyornis*, un ave antigua similar a las gaviotas actuales, con la salvedad de que su pico aún poseía dientes.

Pero dentro de los dinosaurios no avianos también encontramos sorpresas. Ahora es bien sabido que el famoso *Spinosaurus* era un animal semiacuático, pero en 2017 se hizo un descubrimiento insólito. Se trataba de un dinosaurio dromeosáurido, del mismo grupo que

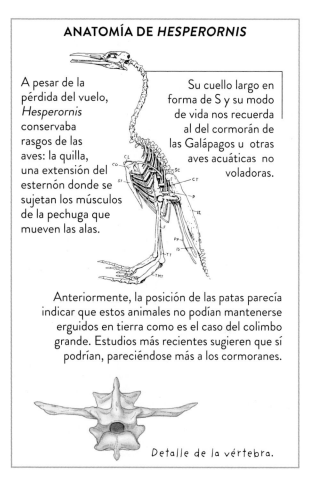

ANATOMÍA DE *HESPERORNIS*

A pesar de la pérdida del vuelo, *Hesperornis* conservaba rasgos de las aves: la quilla, una extensión del esternón donde se sujetan los músculos de la pechuga que mueven las alas.

Su cuello largo en forma de S y su modo de vida nos recuerda al del cormorán de las Galápagos u otras aves acuáticas no voladoras.

Anteriormente, la posición de las patas parecía indicar que estos animales no podían mantenerse erguidos en tierra como es el caso del colimbo grande. Estudios más recientes sugieren que sí podrían, pareciéndose más a los cormoranes.

Detalle de la vértebra.

el famoso *Velociraptor*. A diferencia de sus parientes, *Halszkaraptor* era semiacuático y tenía un estilo de vida similar al de un pato. Su boca tenía forma de pico aplanado, pero estaba dotada de una gran cantidad de dientes. Nadaba sobre la superficie del agua sirviéndose de sus extremidades delanteras, usándolas a modo de remo mientras buscaba peces en la superficie.

Se sabe que *Spinosaurus* era un animal semiacuático que se alimentaba principalmente de peces.

El animal volador más grande de todos los tiempos

Nombre: *Quetzalcoatlus northropi*
Alimentación: carnívora
Longitud: 11-12 m de envergadura
Período: Cretácico Superior
Encontrado en: Estados Unidos

Descubierto en Texas en 1971, *Quetzalcoatlus* es un pterosaurio de proporciones gigantescas. *Quetzalcoatlus* poseía una envergadura de ala de hasta 12 metros y cuando se posaba en tierra, su cuerpo se erigía 5 metros sobre el suelo, como una jirafa.

Representación en 3D del vuelo de Quetzalcoatlus.

¿Pero qué comían estos colosales animales? Durante años ha habido una tendencia a considerar que todos los pterosaurios eran animales piscívoros, y lo mismo sucedió con *Quetzalcoatlus*. Sin embargo, investigaciones llevadas a cabo por Darren Naish y Mark Witton han determinado que muy probablemente estos animales se habrían alimentado del mismo modo que las cigüeñas actuales.

Los animales del grupo al que pertenece *Quetzalcoatlus*, los azdárquidos, estaban altamente adaptados a moverse en tierra en marcha cuadrúpeda. Volaban de un territorio a otro en busca de alimento, cuando encontraban una zona prometedora, se posaban y procedían a capturar por tierra pequeños animales con sus picos. Claro está que para algunos de estos azdárquidos de grandes proporciones los pequeños saurópodos de algunas islas de Europa formaban parte de su menú.

UN VUELO ÚNICO

¿Cómo era posible que animales de tales proporciones pudieran siquiera alzar el vuelo? ¿Qué mecanismo seguía el vuelo de los pterosaurios? Los pterosaurios eran animales caracterizados por poseer una membrana de piel que se extendía desde la punta de su elongado dedo anular hasta sus pantorrillas. Fueron los primeros vertebrados voladores de la historia de nuestro planeta. Dentro de su orden encontramos a los animales voladores más grandes que hayan existido y otras muchas especies a cada cual más extravagante que la anterior. Pero todos ellos tenían la capacidad de volar.

Al igual que las aves, estos animales poseían huesos huecos que aligeraban su peso. Además, sus alas no eran únicamente membranas de piel rígidas. En su interior unas largas fibras que se extendían desde la parte anterior a la posterior permitían que la membrana se contrajera o extendiese, casi del mismo modo que un abanico cuando se despliega o repliega.

Unido a todas estas características, presentaban sacos aéreos y un sistema respiratorio similar al de las aves que les otorgaba el oxígeno necesario para mantener una actividad tan costosa

Comparación entre un humano y el animal volador más grande de todos los tiempos.

energéticamente como es el vuelo. Es más, en 2018 se descubrieron pterosaurios con rastros de posibles plumas. Otro rasgo que compartían con las aves y el resto de sus primos, los dinosaurios. En cuanto al despegue, hace años se pensaba que solo podían iniciar el vuelo si se precipitaban desde terrenos elevados, como acantilados o riscos. Los nuevos conocimientos sobre su biomecánica revelan que tenían una poderosa musculatura en su tren anterior, además de un poderoso ligamento que recorría toda el ala y les permitía «catapultarse» desde el suelo hacia los cielos. De este modo, eran capaces de volar y despegar desde cualquier superficie sin importar qué forma o tamaño tuvieran.

LA DIVERSIDAD DE LOS PTEROSAURIOS

Los pterosaurios fueron uno de los grupos de reptiles más exitosos de todo el Mesozoico. Nacieron a finales del Triásico y no vieron su final hasta la extinción masiva de finales del Cretácico, desapareciendo junto con gran parte de sus primos, los dinosaurios. En todo ese tiempo dieron lugar a un gran número de especies que encontraron su hogar en multitud de hábitats, con diferentes formas de vida, dietas y estructuras.

Su diversidad era enorme y difícil de abarcar: pequeños insectívoros, como *Anurognathus*, pescadores, como *Pteranodon*, depredadores terrestres, como el ya mencionado *Quetzalcoatlus*, filtradores comparables a los flamencos actuales, como *Pterodaustro*, etc. Además, un gran número de ellos presentaban lustrosas crestas con un marcado dimorfismo sexual, confiriéndoles morfologías de lo más extravagantes, como, por ejemplo, *Tapejara* o *Tropeognathus*.

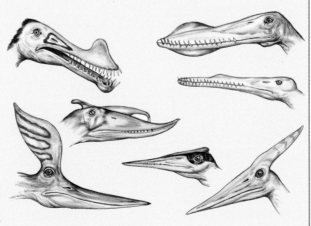

Ilustración de diferentes pterodáctilos, género de pterosaurios, en la que se muestran sus potentes mandíbulas y llamativas crestas sobre sus cabezas.

La extinción del Cretácico-Paleógeno (K-Pg)

Recreación del impacto del meteorito en la superficie terrestre a finales del Cretácico.

El final del Cretácico marcó un antes y un después en la historia de nuestro planeta. Es famoso por la extinción de los dinosaurios no avianos y la colisión de un meteorito con la superficie terrestre. Esta extinción masiva se encuentra entre unas de las más grandes de nuestro planeta. Puede que no afectase tanto en cuanto a número de grupos de organismos extinguidos, pero fue la segunda más grave en cuanto a impacto ecológico. Justo después de la mayor extinción de la Tierra, la del Pérmico.

Extinción del 76% de las especies del planeta

Hace 145 millones de años

COMIENZO DEL CRETÁCICO
Fue un período cálido en el que apenas había casquetes polares. La aparición de las flores dio lugar a nuevas relaciones entre las plantas y los animales.

Extinción de los dinosaurios

EXTINCIÓN DE ESPECIES
La colisión de un gran cuerpo celeste junto con las grandes erupciones volcánicas que sucedieron en la India afectaron a todo tipo de animales y plantas. A todo ello se sumaba la gran bajada del nivel del mar que afectó a los ecosistemas acuáticos.

Fue así como desapareció el 76 % de todas las especies del planeta. Amonites, plesiosaurios, mosasaurios, pterosaurios, insectos, mamíferos, dinosaurios, lagartos, tortugas, peces, plantas…, todos ellos se vieron afectados. Muchos se extinguieron por completo, otros sobrevivieron con importantes bajas y algunos superaron airosos la crisis. Pero ¿a qué se debió este fenómeno y quiénes fueron los menos afortunados?

Hubo tres acontecimientos importantes que sucedieron a finales de este período y desempeñaron un papel protagonista en esta crisis de la biodiversidad. El primero y más conocido de ellos fue la colisión de un bólido con la superficie terrestre. En 1980 el estadounidense Luis Álvarez, premio Nobel de Física, y su hijo el geólogo Walter Álvarez descubrieron una irregularidad en los estratos geológicos que delimitaban el final del Cretácico. Se trataba de una fina capa de materiales que contenía altas concentraciones de iridio. El iridio es un elemento químico muy poco común en la corteza terrestre, pero frecuente en meteoritos. Así surgió la hipótesis de impacto que quedó demostrada por el enorme cráter sumergido encontrado en Chicxulub, México, en la década de los noventa.

Los cálculos indican que el asteroide tenía una longitud de 10 kilómetros y su trayectoria fue oblicua, provocando incendios locales lejos de la zona de impacto. Además, la caída del meteorito en el mar provocó un impacto enorme en todo el ecosistema marino de los alrededores al dejar detrás de sí metales pesados y diversos compuestos químicos. Con todo, el meteorito levantó una nube de polvo y gases que afectó a la fotosíntesis y al crecimiento de muchos ecosistemas. Pero no solo chocó un cuerpo celeste. La propia Tierra pudo haber contribuido a esta extinción. Casi al mismo tiempo que sucedía la colisión en la India se estaba dando una gran actividad volcánica. Los traps del Deccan ocupan actualmente un área de 500 000 km² debido a la erosión porque es posible que en origen su extensión fuera el doble. Este intenso vulcanismo expulsó gases que afectaron a la atmósfera. Sin embargo, recientemente se ha descubierto que la acción de los volcanes pudo impulsar la posterior recuperación de la biosfera, ya que los gases de efecto invernadero ayudaron a preservar el calor de un planeta que el impacto había enfriado. Así que puede que, a diferencia de otras extinciones masivas, los volcanes actuaran más como protectores que como segadores.

Por último, pero no menos importante, el final del Cretácico se encuentra marcado por una bajada global del nivel del mar. Estas bajadas o regresiones afectaron a los organismos marinos en cuanto a la disponibilidad de hábitats, así como a la temperatura del planeta. Al cambiar el nivel del mar, las corrientes marinas se alteran, el albedo deja de reflejarse en el mar al hacerlo en tierra y en consecuencia la temperatura baja y los ecosistemas se ven afectados.

Todo esto remodeló por completo la flora y fauna de todo el planeta para siempre. Los mares pasaron a estar dominados por los peces teleósteos. Los pterosaurios cedieron los cielos a los únicos dinosaurios que sobrevivieron a la extinción, las aves. Y finalmente, los mamíferos cogieron el testigo y se convirtieron en los gigantes de la Tierra. Un nuevo mundo surgió de las cenizas mientras los ecosistemas cambiaron y se reacomodaron a las nuevas condiciones. A partir de entonces las plantas predominantes fueron las angiospermas y las flores cubrieron la superficie de todo el mundo mientras los insectos se diversificaban con ellas. Entrábamos ahora en una nueva era. Nuestra era: el Cenozoico.

Separación de los continentes

UNA NUEVA TIERRA
Fue naciendo el Atlántico según América se separaba de África y Eurasia, ganando en tamaño con el paso de los millones de años.

Hace 66 millones de años

FINAL DEL PERÍODO CRETÁCICO
Remodelación completa de la flora y la fauna. Los mares pasaron a estar dominados por los peces y los cielos por las aves, los mamíferos cogieron el testigo y se convirtieron en los gigantes de la Tierra.

CENOZOICO

Cenozoico

Paleógeno

COMIENZO DEL PALEÓGENO.
Hace 66 millones de años.
El período Paleógeno se divide en tres épocas: Paleoceno, Eoceno y Oligoceno. En este tiempo, la vida cambió radicalmente con respecto al Mesozoico. Los mamíferos tomaron un papel relevante y se diversificaron hasta enormes formas como, por ejemplo, el *Paraceratherium*. Entre las aves destacan ejemplos como *Gastornis*.

Gastornis

Carbonemys, tortuga del paleoceno.

Neógeno

Comienzo del Neógeno.
Hace 23 millones de años.
Este período incluye las épocas Mioceno y Plioceno.
Entre los eventos, destacan la aparición de los
homínidos o la unión entre América del Norte y del
Sur.

Smilodon

Cuaternario

Comienzo del Cuaternario.
Hace 2,59 millones de años.
El Cuaternario es el período más reciente y se divide
en dos épocas: Pleistoceno y Holoceno. En este tiempo surgió
Homo sapiens.

Mamut

Rinoceronte

Homo sapiens

PALEOCENO, NUEVOS CAMINOS

Cueva de Fingal en Escocia. Formación en Flysh creada por una flujo basáltico del Paleoceno. La erosión de las columnas ha formado la cueva.

El Paleoceno es un período que se desarrolló desde hace 66 Ma hasta 56 Ma. Su nombre consta de las raíces griegas *palaios* o «viejo» y *kainós* o «nuevo», lo que literalmente significa «lo más viejo de lo nuevo». Esto hace referencia a que es el período más antiguo de la era más moderna, el Cenozoico.

Dejamos atrás el Mesozoico, la Era de los Dinosaurios, para adentrarnos en un mundo nuevo, uno donde los mamíferos cobraron mayor importancia y la Tierra comenzó a parecerse a la que conocemos.

CONTINENTES

Los continentes sufrieron movimientos tectónicos que los dirigieron hacia sus posiciones actuales. Laurasia comenzó a fragmentarse en los actuales Norteamérica, Europa, Asia y Groenlandia, pero se mantuvieron conectados mediante puentes de tierra entre ellos.

Gondwana también se dividió en África, Sudamérica, Australia, Antártida y la India. Las dos mitades de América se mantuvieron separadas por un mar tropical. Conforme Sudamérica se alejaba de África, esta última se movía hacia el norte, hacia Europa cerrando el antiguo Tetis. A su vez, la India continuaba su trayectoria hacia Asia donde finalmente colisionó generando el Himalaya. Otro fenómeno importante fue la orogenia Laramide, que se inició en el Cretácico y terminó en el Paleoceno creando las Montañas Rocosas en el oeste de Norteamérica.

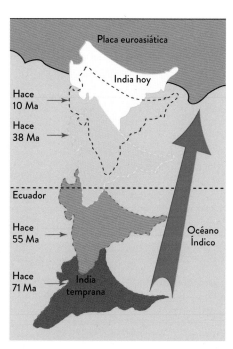

Separación de la India del resto del continente.

CLIMA

En una escala muy corta de tiempo, el clima terrestre consiguió recuperarse de la alteración que supuso el impacto del asteroide del final del Cretácico. Los inicios del Paleoceno estuvieron marcados por un clima más seco y frío que el que había en el Cretácico. Sin embargo, conforme fue avanzando el Paleoceno hacia el siguiente período, el Eoceno, las temperaturas volvieron a subir con rapidez. De este modo, gran parte del Paleoceno se caracterizó por un clima cálido y húmedo, sobre todo de cara al Eoceno. De esta manera, la Tierra presentaba un clima tropical y subtropical, excepto en los polos, donde predominaba un clima templado-frío.

FLORA Y FAUNA

Los mamíferos llevaban existiendo en el planeta desde el Triásico junto con los dinosaurios. Su diversidad en el Cretácico llegó a dar lugar a multitud de formas, aunque muchas de ellas desaparecieron con la extinción masiva del Cretácico-Paleógeno (K-Pg).

Tras la desaparición de los dinosaurios no avianos, muchos grupos de animales vieron su oportunidad de ocupar nuevos nichos. Este fue el caso de los mamíferos y las aves, que experimentaron una explosión de diversidad, generando nuevas especies.

Así, el Paleoceno está colmado de nuevas especies de mamíferos de pequeño tamaño. Los animales de mayor envergadura no hicieron su aparición hasta el final del período. Por ello el registro fósil de mamíferos del Paleoceno es escaso. Los huesos pequeños son mucho más frágiles y es mucho más difícil que fosilicen o se conserven hasta nuestros días. Sin embargo, aparecieron los linajes mamíferos que han llegado hasta nuestros días: los monotremas, únicos mamíferos que ponen huevos; los marsupiales, que alimentan a sus crías en una bolsa externa llamada marsupio, y los placentarios, que mantienen a sus crías dentro del útero alimentándolas a través de la placenta.

Las aves también aprovecharon este «cambio de poderes» y dieron lugar a una gran variedad y diversidad de especies. Entre ellas, algunas alcanzaron grandes tamaños, como las famosas «aves del terror», que continuaron existiendo hasta el Eoceno.

Las plantas florecieron en este nuevo entorno cálido y húmedo. Las angiospermas comenzaron a convertirse en los vegetales predominantes de estos nuevos bosques, que se extendieron sin restricción debido a las condiciones favorables y a la ausencia de grandes herbívoros.

Gastornis (ave del terror), aves gigantes extintas, en un humedal.

Una serpiente colosal

Nombre: *Titanoboa cerrejonensis*
Alimentación: carnívora
Longitud: 12 m
Período: de Paleoceno Medio a Paleoceno Superior
Encontrada en: Colombia

En 2009 se descubrieron restos de vertebrados en las minas de carbón de Cerrejón, situadas en La Guajira, Colombia. Hasta esa fecha, se habían encontrado muy pocos fósiles del Paleoceno en Sudamérica.

Titanoboa cerrejonensis.

Fue en 2009 cuando aparecieron los huesos de una nueva especie de serpiente, en concreto vértebras y costillas de 28 ejemplares. Pero estas vértebras tenían una peculiaridad: eran tres veces más grandes que las de las anacondas actuales.

LA SERPIENTE MÁS GRANDE DE LA HISTORIA

Haciendo los cálculos pertinentes, los investigadores llegaron a la conclusión de que se encontraban ante un animal que pudo llegar a medir más de 12 metros de largo. *Titanoboa* se ganó a pulso el título a la serpiente más grande que jamás existió en la Tierra.

¿FALLO DE CÁLCULO?

¿Cómo es posible que se conozca la longitud de un animal completo teniendo apenas unos pocos restos del mismo? ¿Es posible saber cómo era un animal a partir de sus huesos? Gracias a la anatomía comparada, somos capaces de hacernos una idea bastante fiable de cómo eran los organismos de antaño. Comparando las proporciones y características de los seres vivos actuales con las que presentan los fósiles, podemos

Comparativa de *Homo habilis* con Titanoboa.

hacernos una idea acertada de cómo eran las formas de vida del pasado.

Utilizando esta lógica, también se puede calcular el tamaño de un organismo a partir de sus partes. Por ejemplo, si encontrásemos restos humanos aislados, como un fémur y una cadera, podríamos medirlos y correlacionar dichas medidas con la altura del individuo total. Solo necesitaríamos la medida media de un individuo adulto y la correspondiente medida de su fémur.

Sin embargo, estas deducciones pueden provocar errores. Los seres vivos son extremadamente diversos y tienen como especialidad salirse de los esquemas normativos que les imponemos. Volviendo al ejemplo del fémur, ¿qué sucedería si de repente un individuo tuviera un fémur anormalmente largo en comparación con el resto de su cuerpo?

Un caso así sucedió con *Australovenator*, depredador del que en un principio solo se tenían sus huellas. Existe una regla que permite medir el tamaño de un terópodo en relación con la longitud de su dedo medio. Y cuando se hallaron los huesos del responsable de aquellas huellas, se descubrió que era más pequeño de lo que se esperaba porque tenía un dedo medio inusualmente grande. Es decir, era un dinosaurio de «pies grandes».

No obstante, es poco probable que este sea el caso de *Titanoboa* debido a su gran parecido con serpientes actuales, como la anaconda o las boas, ya que comparten las mismas proporciones en los huesos encontrados.

LA COLOMBIA DEL PASADO

Tras la desaparición de los dinosaurios no avianos, muchos grupos de vertebrados vieron su oportunidad y ocuparon su lugar. Fue así como los mamíferos y las aves se diversificaron. Pero las condiciones cálidas de la Colombia del Paleoceno y la ausencia de otros animales de gran tamaño fueron potentes detonantes para que algunos reptiles dieran lugar a especies gigantescas.

La Colombia de Cerrejón era una ciénaga cálida similar a los Everglades de Estados Unidos. En este entorno, *Titanoboa* desarrollaba un estilo de vida mayoritariamente acuático, desplazándose entre el agua y las tierras inundadas del mismo modo que las anacondas actuales.

Pero en estos territorios, la serpiente no era el único reptil de gran tamaño, ya que compartía su hábitat con tortugas y caimanes. Algunas de esas tortugas, como *Carbonemys* (página 108), también eran gigantes con un caparazón de una longitud de 1,72 metros. También había una gran diversidad de caimanes, como *Cerrejonisuchus*. Es posible que todos estos reptiles junto a otros animales, como los peces, constituyeran parte de la dieta de esta colosal serpiente.

Titanoboa con una presa de *Cerrejonisuchus*. Estas serpientes eran tan grandes que podían atrapar y abatir animales similares a los caimanes actuales. Al igual que las anacondas, constreñían a sus presas usando sus potentes músculos, ahogando a sus presas poco a poco.

Un mamífero peculiar

Del tamaño de una rata, *Purgatorius* era un pequeño mamífero placentario omnívoro. Se conoce a partir de huesos de mandíbulas, tobillos y algunos dientes. Todos ellos indican que se trataba de un animal que pasaba la mayor parte de su vida en los árboles, alimentándose sobre todo de frutos, flores e insectos.

Nombre: *Purgatorius unio*
Alimentación: omnívora
Longitud: 15 cm
Período: Cretácico Superior a Paleoceno Inferior
Encontrado en: Norteamérica

Recreación de *Purgatorius*. Poco a poco prosperaron en los bosques tropicales.

Purgatorius tiene una importancia más allá de ser un mamífero que superó la extinción masiva del Cretácico por ser uno de los primeros mamíferos plesiadapiformes, el grupo de animales más primitivo que constituye a los primates.

UNO DE NUESTROS PRIMEROS ANCESTROS

Purgatorius es uno de nuestros primeros ancestros, uno de los primeros antecesores de todos los primates. Todos los lémures, babuinos, titíes, gibones, orangutanes, gorilas, chimpancés, homininos y nosotros mismos procedemos de animales como este pequeño mamífero del tamaño de una rata que escalaba por los árboles del Cretácico tardío.

Los primates florecieron en el Paleoceno, empezando con animales muy similares a los lémures actuales, como *Darwinius*. Poco a poco prosperaron en los bosques tropicales gracias a sus adaptaciones a la vida arborícola por sus largas extremidades y su excelente sentido de la vista. Los primates tienen visión binocular, lo que les permite solapar los campos de visión de ambos ojos. Este solapamiento les posibilita formar imágenes en tres dimensiones en el cerebro, lo que les otorga la capacidad de calcular distancias y percibir la profundidad, un rasgo de gran utilidad para animales que se desplazan saltando de árbol en árbol. Además, son de los pocos mamíferos que pueden ver el color rojo, detectando frutos maduros de gran aporte calórico. A todas estas características se le unen un incremento del tamaño del cerebro y una dieta muy variada. Todas estas cualidades fueron indicativas del éxito que les esperaba. Más tarde, con el paso de los millones de años, los primates se extendieron y diversificaron. Así, nacieron los simios, los homínidos y, finalmente,

los homininos, los únicos primates capaces de desplazarse enteramente en marcha bípeda.

LA DIVERSIDAD DE LOS MAMÍFEROS DEL CRETÁCICO

A menudo creemos que los mamíferos del Cretácico eran un grupo muy reducido de animales pequeños que se encontraban poco especializados. Pequeños animales oportunistas que correteaban indefensos entre las enormes patas de los grandes dinosaurios.

No obstante, esta visión es errónea. La diversidad de los mamíferos del Mesozoico era mucho mayor de lo que podemos pensar. Ya desde el Jurásico existían equivalentes a los castores, los topos y las ardillas voladoras actuales. Incluso apareció un nuevo grupo, los multituberculados, que prosperó pasada la extinción masiva del Cretácico y se extinguió ya bien entrado el Cenozoico, en el Oligoceno.

En el Cretácico, dicha diversidad continuó su curso. Fue entonces cuando comenzaron a aparecer organismos que nos serían familiares, como *Spinolestes*, un mamífero de unos 20 centímetros que vivió en la España de hace 125 Ma y que era muy parecido físicamente a un tejón o una rata.

Pero también surgieron otros mamíferos que dan al traste con la visión tradicional de animales desvalidos depredados por los dinosaurios. *Repenomamus* era un corpulento mamífero carnívoro cuya especie más grande llegaba a alcanzar el metro de longitud. Pero si su tamaño no logra ser lo suficientemente intimidante, puede que los restos encontrados en su estómago lo hagan. Entre los esqueletos de este depredador, en la cavidad estomacal, se encontraron restos de pequeños dinosaurios. En concreto, jóvenes *Psittacosaurus*, un pariente bípedo del famoso *Triceratops*.

Nuestros ancestros distaban mucho de ser indefensos y generalistas. De hecho, la extinción del Cretácico afectó al número y diversidad de animales, pero ayudó a los mamíferos a adquirir un papel protagonista en los ecosistemas de la Tierra y ver nacer su edad de oro.

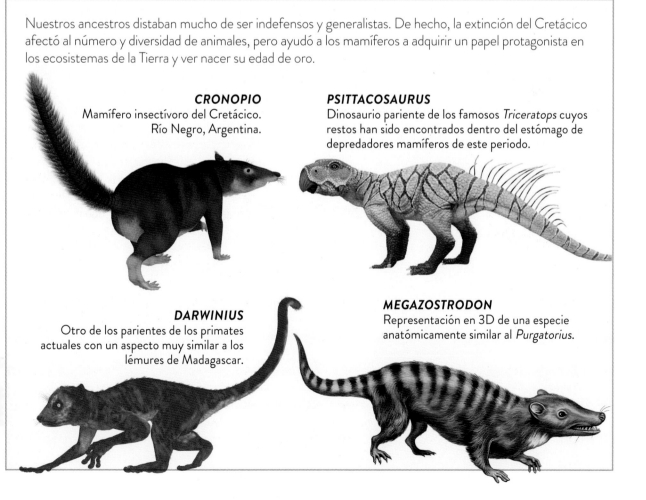

CRONOPIO
Mamífero insectívoro del Cretácico. Río Negro, Argentina.

PSITTACOSAURUS
Dinosaurio pariente de los famosos *Triceratops* cuyos restos han sido encontrados dentro del estómago de depredadores mamíferos de este periodo.

DARWINIUS
Otro de los parientes de los primates actuales con un aspecto muy similar a los lémures de Madagascar.

MEGAZOSTRODON
Representación en 3D de una especie anatómicamente similar al *Purgatorius*.

Otodus, un linaje de tiburones enormes

Desde su aparición en el Devónico, los tiburones han desempeñado un papel importante en los ecosistemas marinos de la Tierra. Como depredadores han ocupado los niveles más altos de la red trófica, siendo el género *Otodus* uno de los ejemplos más impresionantes de estos animales.

Otodus obliquus se puede llegar a considerar el antecesor de O. Megalodon. En la imagen, megalodón persiguiendo un kendriotón.

El ancestro de este grupo se cree que fue el género *Cretalamna*, unos tiburones que vivieron desde finales del Cretácico hasta el Eoceno. El linaje de *Otodus* surgió durante el Paleoceno y estuvo presente en los mares de todo el mundo hasta el Plioceno. La especie *O. obliquus* está considerada como la primera de una serie de especies que acabaron desembocando en *O. megalodon*, conocido comúnmente como megalodón, que apareció durante el Mioceno.

Estos tiburones alcanzaron un gran tamaño a lo largo de su evolución. Se convirtieron así en superdepredadores cuya alimentación consistía en peces óseos y otros tiburones. Sin embargo, durante el Mioceno se especializaron en la caza de cetáceos.

El megalodón es considerado como uno de los depredadores más grandes que jamás haya existido. Estos animales habitaron la Tierra durante el Mioceno y el Plioceno, hace aproximadamente entre 23 y 2,6 Ma. En un principio, esta especie fue clasificada como un pariente del gran tiburón blanco (*Carcharodon carcharias*). El naturalista Louis Agassiz realizó la primera descripción de estos tiburones a mediados del siglo XIX. Para ello, se basó en el estudio de dientes fósiles y le asignó el nombre *Carcharodon megalodon*. El epíteto específico se traduce como «diente grande». Sin embargo, hoy en día se considera que ambas especies pertenecen a familias distintas que se separaron durante el Cretácico.

No se han hallado fósiles de *Otodus* completos, ya que su esqueleto estaba compuesto por cartílago, que no soporta el proceso de fosilización. Por tanto, la mayoría de los descubrimientos sobre estos animales se refieren

No se han hallado fósiles completos de Otodus, aunque sí dientes aserrados y vértebras.

Levyatan y Megalodón. Megalodón fue el tiburón más grande conocido que jamás haya existido.

a sus dientes y vértebras. Este es el motivo por el que se desconoce su tamaño y apariencia real, aunque se pueden hacer algunas estimaciones teniendo en cuenta las especies de tiburones que encontramos en la actualidad. Una de las reconstrucciones más aceptadas es la que supone que el megalodón podría ser un animal de aspecto parecido a un tiburón blanco, pero más robusto, con mandíbulas más anchas y aletas más gruesas.

Con respecto al tamaño de megalodón, se han obtenido algunas estimaciones que están basadas en los fósiles hallados. Dichos estudios han arrojado longitudes de entre 14 y 20 metros, situándose la media en unos 10 metros. En comparación, los grandes tiburones blancos miden alrededor de 6 metros, mientras que el tiburón ballena más grande registrado medía alrededor de 18 metros. Por otro lado, el peso de estos animales podría rondar un máximo de entre 30 y 50 toneladas, considerando que las hembras alcanzaban una mayor talla que los machos.

Los dientes del megalodón eran gruesos, robustos y aserrados. Esto les habría permitido sujetar presas y perforar tanto la carne como los huesos y caparazones. Concretamente, dicha especie contaba con más de 250 dientes repartidos en 5 filas. Las mandíbulas de los ejemplares adultos podrían haber medido unos 2 metros de ancho.

Dado su papel como depredadores, estos tiburones habrían tenido un gran impacto en el resto de la comunidad marina. En particular, megalodón se alimentaba de grandes presas, como ballenas, delfines, focas, sirénidos y tortugas marinas. Sin embargo, a pesar de dicha condición, esta especie vivió en un entorno muy competitivo durante el período Neógeno (que incluye las épocas Mioceno y Plioceno). Concretamente, fueron contemporáneos de ballenas dentadas capaces de cazar a otros cetáceos. Por ejemplo, las especies de *Livyatan* representan a grandes ballenas depredadoras, cuyo tamaño rondaba los 13 y 17 metros de longitud. Por otro lado, durante el Plioceno surgieron especies como *Orcinus citoniensis*, pariente de las actuales orcas, que podría haber sido un depredador de manada.

La extinción de este linaje, representado en último lugar por el megalodón, pudo deberse a un conjunto de factores. A medida que se enfrió el clima, estos tiburones vieron restringidas las aguas cálidas que suponían sus ambientes más favorables. Además, el crecimiento de las capas de hielo y de los glaciares provocó la disminución del nivel del mar y la pérdida de zonas de cría situadas en ecosistemas costeros. Dichos cambios también tuvieron efecto sobre la diversidad de ballenas barbadas. De esta forma, estos depredadores habrían perdido su principal fuente de alimento.

EOCENO, RENACER DE MAMÍFEROS Y AVES

Representación de un paisaje del Eoceno, un lugar pantanoso donde se refugiaban grupos de mamíferos similares a los actuales.

El Eoceno es la segunda época que tuvo lugar durante el período Paleógeno. Se inició hace unos 56 millones de años y finalizó hace 34 millones de años. El nombre Eoceno proviene de las palabras del griego antiguo *eos* (que significa «amanecer») y *kainós* (que se traduce como «nuevo»). Por tanto, durante este tiempo se produjo el amanecer de una nueva y moderna fauna.

El comienzo del Eoceno estuvo determinado por un evento conocido como máximo térmico del Paleoceno-Eoceno. Durante dicho suceso, se produjo un intenso calentamiento, así como una gran acidificación de los océanos debido a una elevada liberación de CO_2 a la atmósfera. Entre otras consecuencias, el evento supuso la extinción masiva de organismos marinos, entre los que podemos destacar un gran número de especies de foraminíferos. El evento tuvo lugar hace unos 55 millones de años y se considera como unos de los cambios globales más importantes del Cenozoico. Por otro lado, durante el final del Eoceno se produjo el evento de extinción Eoceno-Oligoceno, también conocido en francés como *Grande Coupure*. Se cree que dicho suceso está relacionado con el impacto de uno o varios meteoritos en regiones como Siberia y en la que actualmente es la bahía de Chesapeake. Este suceso tuvo lugar hace unos 35 millones de años.

PALEOGEOGRAFÍA

Durante el Eoceno, los continentes presentaban una distribución similar a la mantenida en la actualidad. A principios del Paleógeno, la Antártida y Australia aún permanecían conectadas, lo cual permitía la mezcla entre las aguas cálidas ecuatoriales y las frías del Polo Sur. Sin embargo, cuando finalmente Australia se separó hace alrededor de 45 millones de años, surgió una corriente de agua fría que terminaría aislando a la Antártida.

Por otro lado, en el hemisferio norte, el supercontinente Laurasia comenzó a fragmentarse mientras se formaban Europa, Groenlandia y América del Norte. Cabe destacar que en Europa el mar de Tetis desapareció tras la elevación de la cadena montañosa de los Alpes. De esta forma se creó el mar Mediterráneo, el cual estaba flanqueado al norte por una región de archipiélagos insulares. Además, otro evento de especial relevancia fue la colisión entre India y Asia, iniciando así la formación de la cordillera del Himalaya.

Cycas Palmen   Blechnum Spicant   Ginkgo Biloba

LA VIDA DURANTE EL EOCENO

La fauna y la flora del Eoceno estuvieron sujetas a los grandes cambios climáticos que se produjeron en esta época. Con respecto a la vegetación, las altas temperaturas favorecieron ambientes húmedos y cálidos donde se desarrollaron bosques que se extendían por toda la Tierra. Por ejemplo, se han hallado fósiles de plantas propias de zonas subtropicales y tropicales, como es el caso de las palmeras, en regiones como Groenlandia o Alaska. Sin embargo, el enfriamiento supuso la regresión de estos ecosistemas, que fueron sustituidos por pastos que acabaron conformando llanuras y sabanas. En este tiempo también se vieron favorecidos los árboles de hoja caduca, que presentaban mejores adaptaciones para hacer frente al frío.

Con respecto a la fauna, cabe destacar la aparición de grupos de mamíferos modernos, como artiodáctilos (ungulados de dedos pares), perisodáctilos (ungulados de dedos impares), quirópteros (murciélagos), proboscidios (orden al que pertenecen los elefantes), roedores y marsupiales. Concretamente, los ungulados se volvieron muy importantes en regiones como Europa o América del Norte e incluso llegaron a evolucionar dentro de este grupo animales carnívoros como *Mesonyx*.

Muchos géneros de insectos actuales ya existían durante el Eoceno. El registro de estos artrópodos, así como de diversos arácnidos, ha podido realizarse en especial gracias a los fósiles contenidos en ámbar báltico. Estas piezas se han hallado a lo largo de la costa sur del mar Báltico.

CLIMATOLOGÍA

El Eoceno fue una época durante la cual la Tierra experimentó una amplia variedad climática. Como hemos comentado, el inicio de este tiempo estuvo determinado por el calentamiento registrado durante el máximo térmico del Paleoceno-Eoceno. Se estima que durante este intervalo no había capas de hielo sobre los polos ni glaciares en las montañas. Sin embargo, posteriormente se produjo una transición hacia un clima más frío con el que el hielo comenzó a expandirse. Este suceso tuvo mucha importancia en la Antártida, que se enfrió aún más debido al efecto del océano que ya la rodeaba.

Dicha situación de enfriamiento se debió a una disminución de gases de efecto invernadero como el CO_2 y el metano. Se han apuntado diversas causas para este evento, entre las que se encuentran el crecimiento de la vegetación y el fitoplancton, que habrían capturado el carbono atmosférico. Además, el surgimiento del Himalaya favoreció la erosión y el secuestro de CO_2 debido a procesos geológicos relacionados con la meteorización.

Las enormes aves del Eoceno

Las gastornithiformes representan a un grupo de aves gigantes y no voladoras que habitaron en diversas regiones de América del Norte y Eurasia. El género *Gastornis*, cuyas especies vivieron entre finales del Paleoceno hasta el Eoceno, es uno de los más característicos de estos animales.

Gastornis, durante mucho tiempo se pensó que era un ave carnívora pero los restos fósiles y su posterior estudio demuestran que era un ave perteneciente a la clase de los herbívoros.

El género *Gastornis* fue descrito en 1855. El nombre de estas aves hace referencia a Gaston Planté, científico francés que descubrió los primeros fósiles en yacimientos cercanos a París. Estas aves se caracterizaban por un enorme cráneo que las diferenciaba de otras aves de gran tamaño, como las ratites, cuyas cabezas eran mucho más pequeñas.

GASTORNIS, ¿DEPREDADOR O HERBÍVORO?

La dieta de *Gastornis* ha sido objeto de un largo debate académico. Tradicionalmente, se ha considerado que las especies de *Gastornis* eran depredadoras de pequeñas presas, principalmente mamíferos como el caballo primitivo *Eohippus*. Sin embargo, debido al tamaño de sus patas, se supuso que no era un animal muy ágil y, por tanto, si cazaba, lo hacía mediante emboscadas. Posteriores estudios han apuntado hacia una dirección diferente, ya que diversas evidencias, como la falta de garras en forma de gancho y la estructura del pico, parecen indicar que en realidad dichas aves eran herbívoras cuya alimentación se centraba en semillas o partes resistentes de la vegetación. Además, el estudio

de los isótopos de calcio presente en fósiles de *Gastornis* mostró que no había evidencia de que tuvieran una dieta carnívora. Los resultados de los análisis fueron parecidos a los presentados por los de los dinosaurios y mamíferos herbívoros. Por tanto, las pruebas acumuladas hasta la actualidad sitúan a estas aves como herbívoras.

LAS AVES DEL TERROR

Los fororrácidos eran una familia de grandes aves carnívoras no voladoras. Estos animales, conocidos como aves del terror, tenían una altura que variaba entre 1 y 3 metros. Durante la era Cenozoica representaron a los depredadores más grandes que habitaban en América del Sur.

Fósil de Gastornis.

La mayoría de los fororrácidos eran corredores muy rápidos, con picos grandes y afilados, además de garras poderosas. Tras analizar los fósiles de fororrácidos, se ha determinado que estas aves tenían un cuello flexible y poderoso que les ayudaba a manejar su pesada cabeza. Esta adaptación les habría permitido aparentar una mayor altura con la que asustar a sus presas para posteriormente herirlas y sujetarlas con sus patas. Finalmente, gracias a su pico habrían podido golpearlas con una gran fuerza y velocidad.

Aunque la mayoría de los fororrácidos habitaban en Sudamérica, se conoce al menos un caso en América del Norte. Los restos de *Titanis walleri* han sido hallados en regiones como Texas y Florida. Se cree que dicha especie fue el único gran depredador que migró durante el Gran Intercambio Biótico Americano ocurrido durante la formación del istmo de Panamá, suceso que culminó durante el Plioceno. Por otro lado, podemos mencionar la especie *Kelenken guillermoi*, que vivió durante el Mioceno, hace unos 15 millones de años, en la Patagonia. Esta ave probablemente medía unos 3 metros de altura y tenía un pico de aproximadamente 46 centímetros de largo, lo que la convierte en el ave con el cráneo más grande.

La formación del istmo de Panamá, hace unos 2,7 millones de años, permitió la migración de diferentes grupos de mamíferos desde el norte hasta el sur de América. Se ha apuntado a este evento como causa de la extinción de las aves del terror, ya que habrían entrado en competencia con otros animales carnívoros. Sin embargo, otras evidencias parecen indicar que la desaparición de este grupo se produjo antes de la llegada de los mamíferos depredadores de gran tamaño.

GIGANTES DE LOS CIELOS MARINOS

Los pelagornítidos, o falsas aves dentadas, eran una familia de grandes aves marinas que habitaron en toda la Tierra entre el Paleoceno hasta finales del Plioceno. Su rasgo más característico eran unas estructuras en forma de dientes situadas en los bordes de sus picos. Las especies más pequeñas de pelagornítidos tenían el tamaño de los actuales albatros, que alcanzan una envergadura de entre 1 y 3 metros. De las especies más grandes podemos destacar *Gigantornis eaglesomei*, cuyos fósiles fueron encontrados en Nigeria y datan del Eoceno. Se calcula que estas aves alcanzaban una envergadura de 6 metros, lo que la sitúa entre las aves más grandes que han existido.

Las presas de los pelagornítidos eran animales de cuerpo blando, principalmente cefalópodos, pero también algunos peces, que capturaban mientras volaban cerca de la superficie del océano. Gracias a sus huesos huecos y su gran envergadura, estas aves podrían aprovechar las corrientes de aire cálidas para desplazarse a grandes distancias.

TITANIS WALLERI

PICO
El pico de estas aves era grande, pesado y afilado para matar a sus presas.

PATAS
Eran corredores muy rápidos gracias a sus musculosas patas.

KELENKEN
La especie *Kelenken guillermoi* es considerada el ave con el cráneo más grande.

La biodiversidad de los mamíferos

Los mamíferos dinocerados representan a un orden de animales herbívoros que vivieron entre el Paleoceno y el Eoceno. Las especies de este grupo vivían en regiones desde el oeste de Norteamérica hasta el noreste de Asia, en Mongolia.

Representación de unos individuos de *Brontotherium* bebiendo agua en el bosque.

DINOCERADOS

El nombre dinocerados se refiere a las diversas protuberancias óseas que dichos animales portaban en su cabeza. Concretamente, los machos tenían varias estructuras conocidas como osiconos, que son similares a las presentes en las jirafas actuales. Se desconoce la función exacta de los osiconos, pero es muy probable que les sirvieran para defenderse o luchar por el derecho a aparearse. Además, los machos estaban armados con un par de colmillos superiores largos. A pesar de su parecido con los rinocerontes, estos mamíferos no estaban relacionados con ellos, sino que su caso está considerado una convergencia evolutiva.

Estos animales se extinguieron hace unos 37 millones de años debido a los cambios climáticos producidos durante el Eoceno. También se considera que entraron en competencia con mamíferos perisodáctilos, como los brontoterios y los rinocerontes.

Entre los diferentes géneros de dinocerados podemos mencionar a *Uintatherium*, que vivió a principios y mediados del Eoceno en el oeste de América. Las especies de este género podían medir entre 3 y 5 metros de longitud y casi 2 metros de altura. Su peso rondaba las 4,5 toneladas. Eran animales herbívoros que se alimentaban de hojas, arbustos o hierba que encontraban cerca de los ríos y lagos. Este estilo de vida podría ser muy similar al de los hipopótamos actuales, aunque estaban más adaptados a un ambiente terrestre.

EMBRITÓPODOS

Los embritópodos fueron otro orden de mamíferos, de aspecto también parecido a los rinocerontes, con los que igualmente no estaban emparentados. Dicho grupo vivió en Eurasia y África entre el Eoceno y el Oligoceno hace entre 55 y 25 millones de años. Estos mamíferos eran herbívoros con un tamaño variado, entre mediano y grande. Algunas especies de embritópodos tenían cuernos hechos con hueso, mientras que en los rinocerontes están creados con queratina.

Dentro de este grupo podemos destacar la especie *Arsinoitherium zitteli*, que tenía una longitud de 3 metros, una altura de

Uintatherium. Detalle de la cabeza con protuberancias óseas.

ARSINOITHERIUM

MEGACEROPS

más de 1,5 metros y un peso de 2,5 toneladas. Su cabeza estaba armada con cuatro cuernos óseos, dos pequeños situados sobre los ojos y dos enormes que crecían sobre la nariz. Estos animales vivían en ecosistemas tropicales dominados por selvas o en los márgenes de manglares.

El nombre *Arsinoitherium* hace referencia a la reina Arsínoe II del Egipto Ptolemaico, ya que el primer descubrimiento de estos animales se produjo cerca del palacio de esta antigua monarca. Por otro lado, *therium* proviene de una palabra del griego antiguo que se traduce como «bestia».

BRONTOTÉRIDOS

Los brontotéridos fueron un grupo de animales que vivieron desde los inicios del Eoceno hasta mediados del Oligoceno, hace entre 56 y 34 millones de años, en regiones de América del Norte y este de Asia. A pesar de que presentaban un aspecto similar al de un rinoceronte, no estaban emparentados con estos animales. Se cree que la extinción de este grupo se debió al cambio hacia un clima más seco y la expansión de ecosistemas abiertos como las llanuras y sabanas.

Los brontotéridos eran ramoneadores de vegetación blanda. Algunos géneros tenían cuernos óseos, similares a osiconos, recubiertos de piel, así como grandes colmillos. En algunas especies dichos cuernos presentaban una característica forma de Y que podían usar en combates entre machos durante el cortejo.

El género *Megacerops* se corresponde con animales endémicos de América del Norte que

surgieron a finales del Eoceno. Las especies de este grupo tenían un par de cuernos romos que surgían desde su hocico. En los machos dichos cuernos eran mayores que en las hembras. Eran animales de un enorme tamaño que superaban los 2 metros de altura, los 5 metros de longitud y las 3 toneladas de peso.

ASTRAPOTERIOS

Los astrapoterios formaron un orden de mamíferos ungulados que habitaron en el continente sudamericano y la Antártida. Dicho grupo surgió a finales del Paleoceno y desapareció a mediados del Mioceno. Se cree que tenían hábitos anfibios y, debido a sus probóscides más o menos desarrolladas, tenían el aspecto de los modernos tapires o elefantes. Sin embargo, no estaban emparentados con estas especies. El género más representativo es *Astrapotherium*, que habitó la región de América del Sur durante el Mioceno. Estos mamíferos destacan por su gran tamaño, alrededor de 3 metros de longitud y un peso de 1 tonelada, así como cuatro largos caninos que crecían continuamente.

Astrapotherium.

La evolución de los cetáceos

La rama evolutiva de los cetáceos comenzó en el subcontinente indio hace unos 50 millones de años. En esta región apareció el primer antepasado de los cetáceos a principios del Eoceno.

Los *Indohyus* eran pequeños animales, con un aspecto similar al de los actuales ciervos ratón.

LOS PRIMEROS CETÁCEOS

Uno de los géneros que representan esta evolución es *Indohyus*. Dichos mamíferos vivieron hace unos 48 millones de años en la región que hoy en día es Cachemira. *Indohyus* ya presentaba adaptaciones para la vida acuática. Entre ellas destacaban los densos huesos de las extremidades, lo que les permitía disminuir la flotabilidad mientras buceaban. Se cree que estos animales se sumergían en el agua para esconderse o huir cuando un depredador los amenazaba.

Sin embargo, los primeros mamíferos reconocidos como cetáceos vivieron hace unos 50 millones de años. Se trata de los pakicétidos, una familia de animales que habitaban el actual Pakistán. Tenían extremidades largas y delgadas, así como patas que no estaban bien adaptadas a la natación. Esto explica por qué también en este grupo encontramos huesos densos. Los pakicétidos vivieron en ambientes áridos,

pero que estaban sometidos a inundaciones, ríos y lagos estacionales. Se cree que eran depredadores de animales que se acercaban al agua para beber o de las diferentes presas que encontraban en esos lugares. De este grupo, se conocen tres géneros: *Ichtyolestes*, *Nalacetus* y *Pakicetus*.

En Pakistán también fueron descubiertos, en el año 1994, los fósiles de *Ambulocetus natans*. Esta especie, cuyo nombre significa «ballena andante», vivió hace unos 49 millones de años y habitaba en bahías o estuarios del mar de Tetis. Presentaba grandes extremidades traseras, lo que en principio se interpretó como que podía caminar en tierra. Sin embargo, diversas investigaciones han llegado a la conclusión de que en realidad eran completamente acuáticos. Por otro lado, el tamaño de sus patas sugiere que las usaban para nadar en forma de remo. Esta adaptación no les habría permitido una natación rápida, por lo que se cree que eran depredadores de emboscada. El hocico de *Ambulocetus* era largo,

Ambulocetus fue el primitivo antepasado de la ballena al estilo de la nutria y vivió en Pakistán y la India durante el Periodo Eoceno.

El fósil de Ambulocetus natans que se exhibe en el museo de Historia Natural de Séul (Corea del Sur) muestra el hocico y las extremidades con grandes pies que usaban para nadar.

ancho y poderoso, mientras que sus ojos estaban situados en la parte superior de la cabeza. Dichas características hacen pensar que estos animales tenían un comportamiento similar al de los cocodrilos a la hora de cazar. Es decir, acechaban bajo la superficie del agua a la espera de que se acercase una presa.

A principios del Eoceno, la India era una isla que comenzaba a colisionar con Asia. Esta región presentaba un clima cálido y estaba dominada por selvas tropicales, así como manglares en las costas. En este ambiente habría evolucionado la familia de los ambulocétidos, a la que además de *Ambulocetus* pertenecen los géneros *Gandakasia* y *Himalayacetus*. De hecho, *Himalayacetus* es considerado como el cetáceo más antiguo al estar datado en hace 52 millones de años.

LA EXPANSIÓN DE LOS CETÁCEOS

A mediados del Eoceno, hace entre 49 y 43 millones de años, en Pakistán y parte de India surgieron diversos géneros de remingtonocétidos. Esta familia de cetáceos eran animales acuáticos que habitaban en regiones marinas poco profundas. Diversas adaptaciones, como las extremidades relativamente cortas, demuestran que estaban bien adaptados para la natación y un estilo de vida principalmente acuático.

Al mismo tiempo, hace aproximadamente entre 48 y 35 millones de años, también habitaron los cetáceos protocétidos. Este grupo representaba a una familia que ya había logrado expandirse fuera de Asia y llegar a Europa, África y América del Norte. Este hecho los convierte en los primeros cetáceos que salieron del subcontinente indio. Habitaban en mares subtropicales poco profundos y presentaban adaptaciones destinadas a la caza de presas bajo el agua. Aun así, mantenían extremidades cortas y cierta dependencia del ambiente terrestre, ya que determinadas especies de protocétidos daban a luz en tierra. Algunos géneros que podemos mencionar de este grupo son *Peregocetus* y *Maiacetus*.

Las familias de los basilosáuridos y dorudontinos estaban conformadas por animales que ya presentaban un aspecto de ballena. Estos cetáceos, que pasaban toda su vida en el océano, surgieron a finales del Eoceno, hace entre 41 y 33 millones de años. Se convirtieron en depredadores de los mares tropicales y subtropicales, alimentándose en su mayoría de peces. Sin embargo, aún no contaban con la característica ecolocalización presente en un gran número de cetáceos. Los basilosáuridos fueron los que alcanzaron un mayor tamaño, con ejemplares del género *Basilosaurus* que crecieron hasta una longitud de 18 metros. Por otro lado, las especies del género *Dorudon* medían alrededor de 4 y 5 metros de longitud.

Basilosaurus.

El camino hasta los peces modernos

Fósiles de las especies de *Knightia* que vivieron durante el Eoceno en Wyoming, Estados Unidos.

Los peces representan uno de los grupos de animales con más éxito. Sus orígenes pueden remontarse hasta la explosión cámbrica, hace unos 530 Ma, a raíz de la aparición de los primeros cordados que presentaban cráneo y columna vertebral. Sin embargo, el linaje de los peces ha abarcado diversos caminos que desembocaron en una increíble biodiversidad ya extinta.

Como hemos visto en anteriores apartados, uno de los puntos importantes para la evolución de los peces ocurrió durante el Silúrico. Durante este período tuvo lugar una gran diversificación de los conocidos como agnatos o peces sin mandíbula. Algunos ejemplos de estos animales fueron grupos como los conodontos, los telodontos, los anápsidos, los galeáspidos, los pituriáspidos o los osteostráceos. Actualmente, dichas formas de vida tan solo se encuentran representadas por el grupo de los ciclóstomos, en el que se sitúan las lampreas o los mixines.

La aparición de los primeros vertebrados con mandíbula o gnatóstomos hacia finales del Ordovícico puede considerarse como el siguiente paso importante. Diversos grupos de peces surgieron tras este evento. Algunos, como los placodermos (que dominaron los mares del Devónico) o los acantodios (tiburones espinosos), desaparecieron debido a las sucesivas extinciones masivas. Sin embargo, dentro de esta rama debemos destacar la evolución de los condrictios (peces cartilaginosos) y los osteíctios (peces óseos).

Con respecto a los condrictios, en la actualidad sus mayores representantes son los elasmobranquios. En esta clasificación encontramos a los tiburones y las rayas. Tampoco debemos olvidar a los holocéfalos, grupo en el que se sitúan las extrañas quimeras. Por otro lado, desde la rama representada por los osteíctios evolucionaron los peces de aletas lobuladas o sarcopterigios. Como se ha relatado en las páginas dedicadas al Devónico, a partir de estos peces surgieron los tetrápodos.

Sin duda el linaje de peces más exitoso en la actualidad es el de los dotados de aletas radiadas o actinopterigios. Durante la era Cenozoica, que abarca desde hace 66 Ma hasta el presente, los peces óseos han experimentado una gran diversificación. La gran mayoría de las especies de peces modernos pertenecen a los actinopterigios. Este grupo comprende casi el 99 % de las más de 30 000 especies de peces, pero además está considerado como el tipo de vertebrados más biodiverso. Concretamente, dentro de esta clasificación destacan los peces conocidos como teleósteos.

Los actinopterigios se han adaptado a un gran número de ambientes tanto marinos como de agua dulce. Por ejemplo, existen especies que habitan en lagos del Himalaya (a una altura de más de 4 600 metros), mientras que otras se han adaptado a las condiciones imperantes en la fosa de las Marianas (a una profundidad de 11 000 metros). Dentro de este grupo también encontramos formas y tamaños muy variados. Este amplio abanico abarca desde algunas especies del género *Paedocypris* (que apenas miden más de 8 milímetros de longitud) hasta el pez luna (que puede pesar 2 300 kilos) o el pez remo (cuya longitud ronda los 11 metros).

Fósil de pez Knightia.

LOS PECES DEL EOCENO

El registro fósil del Eoceno nos ofrece una gran variedad de peces cuyo aspecto es similar a las especies que podemos ver en la actualidad. Un ejemplo de estos animales es el género *Knightia*, que pertenece al grupo de los peces óseos. Concretamente formaba parte de la familia de los clupeidos, actualmente conformada por peces como las sardinas o los arenques. El nombre *Clupeidae* proviene de las palabras *clupea* (que en latín significa «sardina») y *eidos* (que proviene del griego y se traduce como «forma»).

Las especies de *Knightia* vivieron en ríos y lagos de América del Norte y Asia durante el Eoceno. Dependiendo de la especie, estos peces alcanzaron un tamaño entre 1 y 25 centímetros. Se cree que su alimentación se basaba en algas, diatomeas y pequeños peces, de la misma forma que hacen los actuales clupeidos. Se han hallado numerosos fósiles de peces depredadores con ejemplares de *Knightia* en sus bocas o en el estómago. Por tanto, se cree que *Knightia* fue una abundante fuente de alimento para otros animales.

OTROS GÉNEROS DE PEZ DEL EOCENO

Priscacara, un tipo de pércido o perca que se descubrió en Estados Unidos.

Diplomystus, un clupeido de agua dulce. La especie Diplomystus dentatus podía crecer hasta los 65 centímetros de longitud y es común encontrar fósiles de ejemplares alimentados de Knightia.

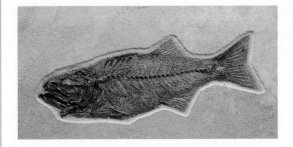

Mioplosus, otro tipo de pércido que habitó en Estados Unidos a principios del Eoceno. Vivía tanto en agua dulce como salobre. Debido a la forma de sus dientes, se cree que fue depredador de otros peces.

Los mamíferos que conquistaron el cielo

Los murciélagos son mamíferos que pertenecen al orden quiróptero. Su característica principal es su capacidad para volar gracias a la adaptación de sus extremidades anteriores. Exactamente las alas de estos animales consisten en una membrana de piel, conocida como patagio, que se ha desarrollado entre unos dedos muy alargados.

Murciélago actual del grupo megamurciélagos que basan su alimentación principalmente en frutas.

LOS MURCIÉLAGOS EN LA ACTUALIDAD

Tras los roedores, los quirópteros representan el segundo orden de mamíferos más biodiverso. En la actualidad se han descrito alrededor de 1 400 especies de murciélagos, cifra que supone cerca del 20 % de todas las especies de mamíferos. Tradicionalmente estos animales se clasificaban en dos grandes grupos. Por un lado, se agrupan los megamurciélagos, conocidos como zorros voladores, que basan su alimentación principalmente en frutas y no presentan ecolocación. El segundo grupo es el de los micromurciélagos y engloba al resto de especies.

Sin embargo, diversos estudios morfológicos y genéticos llevaron a cambiar dicha clasificación. Actualmente se considera que los quirópteros están divididos en dos subórdenes.

El grupo *Yinpterochiroptera* contiene a todos los megamurciélagos, reunidos en la familia de los pteropódidos, más otras seis familias que anteriormente eran consideradas como micromurciélagos (donde se incluyen los murciélagos de herradura y especies emparentadas). El segundo suborden es conocido como *Yangochiroptera*, clasificación que reúne a la mayoría de los micromurciélagos.

EL PASADO DE LOS MURCIÉLAGOS

El vuelo es una adaptación que ha surgido cuatro veces en el reino animal. Los primeros en desarrollar alas fueron los insectos, hace unos 416 Ma, durante el Devónico. Los pterosaurios se convirtieron en los primeros vertebrados en lograr volar después de su aparición hace unos 228 Ma. Posteriormente, tras la desaparición de los dinosaurios, evolucionaron las aves, que dieron lugar a un grupo muy diverso y exitoso. Finalmente, los murciélagos fueron los últimos animales en desarrollar esta capacidad. Sin embargo, se desconoce la gran mayoría del árbol evolutivo de los murciélagos.

Esta falta de información se debe al escaso registro fósil de estos animales conservado hasta la actualidad. Quizá sus esqueletos muy delicados sean la explicación de la dificultad de que sus restos soporten el proceso de fosilización. Además debemos tener en cuenta que gran parte de este grupo habitó en regiones tropicales, donde las condiciones para la fosilización son malas. Debido a esta situación, se estima que, por ejemplo, desconocemos más del 98 % de la historia evolutiva de los pteropódidos. Y, en conjunto, algunos estudios han calculado que solo se han descrito el 12 % de los géneros de murciélagos que vivieron en el pasado.

Uno de los aspectos que se desconocen es el aspecto del primer antepasado de los murciélagos. Esto ha motivado un largo debate entre la comunidad académica sobre la aparición en estos animales de las alas y la ecolocalización. Existen diversas hipótesis destinadas a explicar el desarrollo de estas adaptaciones, una incógnita que la ciencia trata de desentrañar mediante pruebas morfológicas y moleculares dado el escaso registro fósil.

Onychonycteris representa el género más antiguo de murciélagos. Estos animales vivieron en América del Norte hace unos 52,5 Ma, durante el Eoceno. El nombre del género significa «murciélago con garras» y hace referencia a que contaban con garras en sus cinco dedos, mientras que los murciélagos actuales solo tienen garras en el pulgar y el índice o únicamente en el pulgar. Se considera que *Onychonycteris* es un ejemplo intermedio entre los murciélagos y los mamíferos no voladores que dieron lugar a este linaje. Sus alas eran más cortas, por lo que debían volar de forma ondulante al alternar aleteo y planeo. Por tanto, es muy probable que dichos animales no usasen el vuelo para recorrer grandes distancias. Esta adaptación les habría servido para trasladarse de un árbol a otro, pasando así la mayor parte del tiempo trepando por las ramas. Tras analizar su anatomía, se ha podido determinar que en este género no se había desarrollado la ecolocalización.

Hace unos 48 Ma, también durante el Eoceno, encontramos a las especies *Palaeochiropteryx tupaiodon* y *Hassianycteris kumari*. Los fósiles de ambas fueron hallados en Alemania y representan a los primeros mamíferos fósiles de los que conocemos su coloración. Gracias al análisis de los melanosomas, preservados en pelos de ejemplares fosilizados, se descubrió que contenían feomelanina. Dicho pigmento les habría dado un aspecto de color marrón rojizo.

Icaronycteris es el segundo género de murciélago más antiguo. Vivió a principios del Eoceno, hace unos 52,2 Ma, en América del Norte. Tenía un tamaño pequeño: 37 centímetros de envergadura y 14 de longitud. Su aspecto era muy similar al de los murciélagos modernos, aunque mantenía algunos rasgos primitivos, como, por ejemplo, una cola más larga. Se considera que *Icaronycteris* es el primer género de una serie que conduce hacia los murciélagos *Yangochiroptera* actuales.

Murciélago actual con las alas extendidas, su anatomía ha cambiado desde su ancestro el *Icaronycteris*, su cola era mucho más larga y no estaba unida a sus patas traseras.

Icaronycteris detalle de su cuerpo, alas y de su larga cola.

OLIGOCENO, UN MUNDO NUEVO

El Oligoceno es la tercera época que se desarrolló durante el período Paleógeno. Se inició hace unos 33 Ma y finalizó hace alrededor de 23 Ma. El nombre dado a este tiempo proviene de las palabras del griego antiguo *oligos* (que se traduce como «pocos») y *kainós* (que significa «nuevo»). Dicha denominación fue otorgada en el año 1854 por Heinrich Ernst Beyrich, paleontólogo alemán, quien quiso así hacer referencia a la escasez de formas de moluscos que se encontraban en los estratos de esta época.

Estrato de conglomerado del Oligoceno con capas inclinadas y erosionadas.

Durante este tiempo, se produjo una transición entre la fauna y la flora del Eoceno, adaptadas a un mundo donde imperaban los ambientes tropicales, hacia ecosistemas del Mioceno, en los que acabarían dominando las formas de vida más parecidas a las actuales. Concretamente, a lo largo del Oligoceno se produjo una expansión global de los pastizales, mientras que los bosques tropicales entraron en regresión y se circunscribieron a la región ecuatorial.

La extinción del Eoceno-Oligoceno o *Grande Coupure* marcó el inicio del Oligoceno. Durante este suceso, tuvo lugar un acuciado enfriamiento, cuyo origen aún es motivo de debate académico. Entre las causas que se barajan están la actividad volcánica, el impacto de meteoritos o la caída de la concentración de dióxido de carbono atmosférico. Como consecuencia, se produjo una desaparición de especies a gran escala, además de un cambio en la fauna y flora dominantes. Este cambio tuvo un especial impacto en Europa, donde muchos animales fueron reemplazados por especies asiáticas.

PALEOGEOGRAFÍA

A lo largo del Oligoceno, los continentes continuaron su desplazamiento hacia las posiciones que ocupan en la actualidad. En especial cabe destacar que la Antártida quedó cada vez más aislada por su alejamiento de América del Sur y de Australia. Los momentos exactos de la separación son inciertos, ya que estamos hablando de fenómenos geológicos que se remontan incluso hasta el Jurásico. Se estima que a comienzos del Oligoceno ya existía un canal marítimo profundo en la región de Tasmania. Por otro lado, el pasaje de Drake se pudo abrir entre el Eoceno y el Mioceno. Las consecuencias finales de estos eventos fueron el establecimiento de la corriente Circumpolar Antártica.

Una hembra *Paracetatherium* camina acompañada por dos ejemplares jóvenes en un área sin vegetación del Oligoceno.

LA VIDA EN EL OLIGOCENO

La tendencia al enfriamiento hizo que en las regiones polares las temperaturas cayeran muy por debajo del punto de congelación, lo que afectó a la flora y fauna que se había establecido allí durante el Eoceno. Por ejemplo, en la Antártida el avance de las capas de hielo produjo la desaparición de muchas formas de vida, mientras que las que sobrevivieron tuvieron que hacerlo en los márgenes del continente.

El descenso de la temperatura y la disminución del nivel del mar, que abrió algunos pasos terrestres, produjo una reorganización de la biodiversidad. A este respecto, fueron muy importantes los puentes de tierra surgidos en el estrecho de Turgai, que separaba Asia y Europa. Este evento permitió que mamíferos como los rinocerontes y los rumiantes pudieran entrar en Europa.

En cuanto a la flora, los bosques tropicales y subtropicales fueron reemplazados por bosques caducifolios, extensiones de matorrales y llanuras o pastos abiertos dominados por diversas especies de gramíneas.

A finales del Oligoceno ya habían surgido muchas de las familias de mamíferos que existen en la actualidad. Entre estos animales podemos mencionar a los caballos primitivos, los rinocerontes, los camélidos, los antepasados de los gatos (representados por el género *Proailurus*), los osos o la gran diversificación de roedores y lagomorfos. Además, entre la fauna terrestre destacaron los enormes indricoterinos, como *Paraceratherium*. Por otro lado, algunos grupos redujeron su presencia, tal y como les ocurrió a los primates que habitaban gran parte de Eurasia. También desaparecieron animales como los brontoterios.

Mientras tanto, América del Sur y Australia experimentaron la evolución de su propia fauna gracias al aislamiento geológico de dichos continentes. En Sudamérica, esto permitió la evolución de los conocidos como monos del Nuevo Mundo y de las aves del terror. El continente africano también se encontraba relativamente aislado, desarrollándose así diversos representantes de la familia de los elefantes o grupos ya extintos, como el género *Arsinoitherium*.

Con respecto a los ecosistemas marinos, debemos destacar la aparición de los misticetos (cetáceos barbados) y los odontocetos (cetáceos dentados), mientras que sus antepasados comenzaron a disminuir. También existían otros mamíferos marinos, como el género *Behemotops*, que eran animales herbívoros semejantes a los hipopótamos, o los antepasados de los pinnípedos.

CLIMATOLOGÍA

El clima en esta época sufrió una tendencia general hacia el enfriamiento. Se estima que en América del Norte las temperaturas cayeron entre 7 y 11 °C a comienzos del Oligoceno. Dicho cambio favoreció la expansión de las capas de hielo, en especial en la Antártida, así como el crecimiento de los glaciares. Como consecuencia, el nivel del mar disminuyó entre 70 y más de 100 metros. A finales del Oligoceno se registró un aumento de las temperaturas, aunque varió según la región.

Los enormes parientes del rinoceronte

Los indricoterinos eran una subfamilia perteneciente al grupo de los rinocerontes sin cuernos. Estos animales, que se caracterizaban por tener largas extremidades, surgieron durante el Eoceno y habitaron la Tierra hasta comienzos del Mioceno. Las primeras especies de indricoterinos eran animales de pequeño tamaño. Sin embargo, a lo largo del tiempo fueron creciendo hasta convertirse en mamíferos herbívoros de gran tamaño.

Paraceratherium con una cría. Se cree que era una de las especies de mayor tamaño, aunque no se han encontrado fósiles completos.

El género *Paraceratherium*, que apareció a principios del Oligoceno, representa a las especies de mayor tamaño del grupo. Además, se considera que fueron los mamíferos terrestres más grandes que jamás han existido. Sin embargo, el tamaño exacto de *Paraceratherium* es desconocido, ya que no se han encontrado fósiles completos. Se estima que la altura hasta los hombros era cercana a los 5 metros y que habrían superado los 7 metros de longitud. Por otro lado, su peso debía rondar las 15 o 20 toneladas. También debemos tener en cuenta que poseían un largo cuello que sostenía un cráneo de más de 1 metro de largo. Es probable que contasen con un labio prensil o pequeña probóscide.

Los primeros fósiles de estos animales fueron hallados por un soldado británico en Baluchistán, actual Pakistán, en el año 1846, aunque estos restos estaban tan incompletos que no se pudieron asignar a ningún animal. Posteriormente, en 1908 el geólogo británico Guy Ellcock Pilgrim utilizó el descubrimiento de nuevos fósiles para describir una nueva especie de *Aceratherium*, género que representa a rinocerontes sin cuernos. En 1910, durante una expedición dirigida por el paleontólogo británico Clive Forster-Cooper, se desenterraron nuevos fósiles que descartaron la anterior clasificación. De esta forma, se les atribuyó un nuevo nombre, *Paraceratherium*, que significa «cerca de la bestia sin cuernos» en referencia a su primera descripción.

Paraceratherium habitó en la región de Asia en ecosistemas dominados por llanuras aluviales. Por tanto, se cree que su estilo de vida fue similar al mostrado por los actuales elefantes y rinocerontes. Gracias al estudio de sus dientes, se ha determinado que *Paraceratherium* se alimentaba principalmente de hojas y otras partes blandas de las plantas. Al igual que otros rinocerontes, estos animales habrían sido capaces de fermentar la materia vegetal en su intestino grueso para así extraer los nutrientes. Por tanto, tendrían que ingerir grandes cantidades de plantas, lo que les habría obligado a migrar a través de grandes extensiones.

Gracias a su gran tamaño, los ejemplares adultos habrían tenido pocos depredadores. De hecho, compartían su hábitat con animales carnívoros que tenían el tamaño de los lobos modernos. Sin embargo, los ejemplares jóvenes sí habrían sido vulnerables a la depredación. Aun así, se han encontrado restos de ejemplares adultos con marcas de mordeduras atribuidas a cocodrilos del género *Astorgosuchus*. Dichos reptiles, que alcanzaron un tamaño de entre 10 y 11 metros de longitud, podrían haber acechado a *Paraceratherium* mientras acudía a beber o cruzaba los ríos.

El motivo de la extinción de *Paraceratherium* es desconocido, aunque es muy probable que entrasen en juego diversas causas. Entre las hipótesis barajadas podemos mencionar el cambio climático que imperó durante el Oligoceno y la llegada de nuevos herbívoros. Concretamente, desde África migraron los primeros gonfotéridos, una familia de proboscídeos emparentados con los elefantes actuales, que podrían haber tenido un profundo impacto en la dinámica de los ecosistemas. El cambio de ambientes dominados por bosques a pastizales habría privado a *Paraceratherium* de su fuente de alimento principal, haciendo que fuera más vulnerable a otras amenazas. Por ejemplo, a principios del Mioceno también llegaron a Asia desde África nuevos depredadores, como *Hyainailurus*, supercarnívoros del grupo de los hienodontes, o *Amphicyon*, grandes mamíferos carnívoros de la familia de los anficiónidos o perros-osos.

LA GRAN FAMILIA DE LOS RINOCERONTES

La superfamilia de los rinocerontoideos surgió a comienzos del Eoceno, hace unos 50 Ma. Uno de sus primeros representantes fueron los animales del género *Hyrachyus*. Este grupo contó en el pasado con una mayor diversidad que la observada en la actualidad. Se reconocen tres familias dentro del grupo. Una de ellas lo conformaban los aminodóntidos, también conocidos como rinocerontes

Réplica a tamaño real de *Indricotherum* o *Paraceratherium* en el museo de Historia Natural de Shangái (China).

acuáticos, que vivieron en Norteamérica y Eurasia entre finales del Eoceno y principios del Oligoceno. Estos animales eran parecidos a los hipopótamos actuales, tanto en su etología como en la apariencia, habitando por tanto en ríos y lagos. Otra familia era la de los hiracodóntidos o rinocerontes corredores, que tenían un aspecto parecido al de los caballos primitivos y estaban adaptados para correr en ambientes abiertos. Muchos de ellos tenían el tamaño de un perro, aunque dentro de este grupo surgieron los grandes indricoterinos como *Paraceratherium*.

Una última familia era la de los rinocerontes modernos, únicos representantes del grupo que han sobrevivido hasta la actualidad, aunque en el pasado fueron mucho más numerosos tanto en la forma como en los ambientes ocupados. Esta rama surgió a finales del Eoceno en Eurasia con representantes de pequeño tamaño. Algunos géneros que podemos mencionar son *Menoceras*, que tenía dos cuernos sobre la nariz, o *Teleoceras*, de hábitos semiacuáticos. Ambos vivieron en Norteamérica durante el Mioceno.

Ámbar: fósiles atrapados en pequeñas cápsulas del tiempo

Inclusión de dípteros en fósiles de ámbar dominicano.

A medida que evolucionaron las plantas, surgieron especies de árboles capaces de secretar resinas. Dicha sustancia es una adaptación defensiva frente al ataque de pequeños herbívoros. También actúa como cicatrizante al cubrir las lesiones sufridas en el tronco o las ramas. Dependiendo de su composición, los restos de resina pueden conservarse en el tiempo gracias al proceso de fosilización que deriva en la creación de ámbar.

Por tanto, el ámbar es la resina de árboles prehistóricos fosilizada. A lo largo de la historia, este material ha sido muy apreciado por su color y belleza y se ha utilizado como elemento de joyería. Sin embargo, en paleontología estos fósiles han resultado ser muy importantes, ya que, debido a las características físicas de las resinas, diversos animales, partes de plantas e incluso microorganismos del pasado han quedado conservados en su interior. Por ejemplo, en estas piezas se han hallado innumerables insectos, arácnidos y otros invertebrados, así como ranas y pequeños reptiles. También se han descubierto representantes de la vida marina, como crustáceos e incluso una concha de amonites, y de la vida microbiana del pasado. Asimismo son importantes los restos de especies más grandes, como flores, frutos, pelo y plumas. En resumen, dicho material ha proporcionado información sobre la evolución de diversos grupos de seres vivos.

Al igual que ocurre con otros fósiles, son necesarias una serie de condiciones para que se acabe formando el ámbar. En primer lugar, la resina debe ser resistente a la descomposición. Esta sustancia es producida por muchas especies de árboles, pero suele degradarse debido a procesos físicos (como la exposición a la luz solar) y biológicos (como la acción de bacterias y hongos). Las resinas, tras ser sepultadas por los sedimentos, se ven expuestas a altas presiones y temperaturas que cambian parte de su composición química. En estos primeros pasos de fosilización, la resina se transforma en un material intermedio

Insecto atrapado en ámbar báltico.

conocido como copal, que presenta una menor dureza que el ámbar. Posteriormente, el calor y la presión provocan la destrucción de moléculas, como los terpenos, hasta acabar formando el ámbar.

El ámbar más antiguo del que se tiene constancia data del período Carbonífero. Se estima que tiene aproximadamente unos 320 Ma. Sin embargo, no presenta ninguna inclusión de organismos y tampoco ha podido ser identificada la especie o grupo de plantas que generaron la resina. En Italia se hallaron piezas de ámbar que datan del Triásico, de unos 230 Ma, que conservan las inclusiones de artrópodos más antiguos. Concretamente, eran un insecto y dos ácaros. Esos fósiles se vuelven más abundantes a finales del Cretácico. De esta época datan las piezas de ámbar más antiguas con un número significativo de inclusiones de artrópodos, que se hallaron en Líbano. Dichas piezas, estudiadas a fondo por el paleontólogo y entomólogo libanés Dany Azar, datan de aproximadamente entre 125 y 135 Ma. Sin embargo, se considera que el ámbar más importante del Cretácico es el ámbar birmano, que proviene del valle de Hukawng, situado al norte de Myanmar. Este material, que tiene una edad aproximada de 99 Ma, ha permitido la descripción de más de 1300 especies diferentes.

Por otro lado, el ámbar báltico o succinita, que proviene de Kaliningrado (Rusia), ha permitido conocer parte de la biodiversidad que habitaba la Tierra durante el Eoceno. Dichas piezas habrían tenido su origen en la resina generada por diferentes especies de coníferas. Otro yacimiento importante se encuentra en República Dominicana, de donde se extrae el ámbar dominicano. Estas piezas tienen un color más transparente que otros tipos de ámbar y datan del Oligoceno al Mioceno.

Se ha establecido que el origen del ámbar dominicano es una especie de árbol extinto que recibe el nombre de *Hymenaea protera* y pertenecía a la familia de las leguminosas. Dichas plantas habrían formado parte de un extenso bosque tropical.

Gracias al ámbar dominicano se han descrito numerosas especies, muchas de ellas pertenecientes al grupo de los insectos. Entre ellas, podemos destacar las hormigas *Acanthostichus hispaniolicus*, que medían entre 5 y 6 milímetros de longitud, o el grillo *Araneagryllus*, con 12 milímetros de longitud. Por otro lado, se encontró un ejemplar de salamandra en una pieza que data del Mioceno. El vertebrado fue bautizado como *Palaeoplethodon hispaniolae* y hasta la fecha es la única especie de salamandra que se sabe que ha habitado en el Caribe. También se han hallado restos de plantas, como, por ejemplo, una flor de *Palaeoraphe*, un género extinto de palmeras, y una pluma de ave del género *Nesoctites*, animales que aún hoy en día podemos ver en República Dominicana.

Piedra de ámbar dominicano con una flor en su interior.

ÁMBAR CON FÓSILES

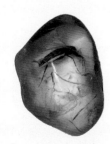

Las piezas de ámbar con fósiles suelen ser de pequeño tamaño.

Ámbar báltico con algunos mosquitos y otros insectos, atrapados en su interior.

Recreación de una hormiga en ámbar. En las piezas de ámbar se han encontrado gran cantidad de especies de hormigas.

Los extraños entelodontes

Los entelodontes son una familia extinta de mamíferos artiodáctilos, similares por evolución convergente a los actuales cerdos. Este grupo surgió a finales del Eoceno y se extinguió a principios del Mioceno, hace aproximadamente unos 37 Ma. De forma general, son considerados como animales omnívoros que habitaban en bosques y llanuras de América del Norte y Eurasia.

A pesar de su aspecto, los entelodontes no están emparentados con los jabalíes sino con las ballenas y los hipopótamos.

Inicialmente, los entelodontes fueron clasificados dentro del grupo de los suinos o suiformes, el suborden al que pertenecen los modernos jabalíes y pecaríes. Dicha clasificación se debió a sus características morfológicas, como, por ejemplo, el cuerpo voluminoso, las patas delgadas o los hocicos largos. Por otro lado, el estudio de sus dientes determinó que su dieta era omnívora y similar a la de los cerdos modernos. Al igual que otros artiodáctilos, sus patas tenían pezuñas hendidas con dos dedos que tocan el suelo y dos restantes vestigiales. Sin embargo, estudios posteriores han demostrado que estos animales están sobre todo relacionados con las ballenas y los hipopótamos.

Entre las especies más grandes de entelodontes destacaba la presencia de una joroba similar a la de los bisontes. Se cree que la función de esta estructura anatómica era la de sostener sus pesadas cabezas. Tenían cráneos muy grandes equipados con expansiones óseas en los pómulos y mandíbulas. Dichas estructuras podrían haber sido puntos de unión para músculos poderosos. Aun así, se han encontrado diferencias de tamaño entre las protuberancias de distintos ejemplares de la misma especie. Por tanto, es probable que fueran características ornamentales cuya función estuviera relacionada con la diferenciación entre individuos machos y hembras. Teniendo en cuenta

esta hipótesis, habrían servido como estructuras de protección durante la lucha por el derecho a aparearse. Las adaptaciones de las mandíbulas de estos animales les habrían permitido abrir la boca de forma inusual. Dicha característica podría estar relacionada con una capacidad para comer carroña, aunque también habría sido útil para intimidar a sus rivales durante el cortejo. Este comportamiento es similar al presentado por los actuales hipopótamos.

La condición de los entelodontes como depredadores ha sido objeto de debate académico porque los dientes de algunos ejemplares presentan un desgaste similar al de los modernos carnívoros. Además, contaban con una visión binocular. Ciertamente, estos animales se encontraban entre los más grandes de sus ecosistemas y, por tanto, podrían haber accedido a cualquier tipo de alimento disponible. Por ejemplo, también se ha registrado desgaste en los dientes que se corresponde con una dieta basada en raíces o alimentos arenosos. En algunas especies, como las del género *Archaeotherium*, también se han descrito asimismo premolares similares a los de las hienas modernas, lo que sugiere cierta capacidad para comer huesos. Por tanto, la dieta de estos animales debió de ser omnívora, alimentándose de frutos, semillas duras, raíces e invertebrados a la vez que aprovechaban la carroña o cualquier animal pequeño que pudieran atrapar.

ANDREWSARCHUS

Andrewsarchus mongoliensis es una especie de artiodáctilo considerada como un pariente cercano de los entelodontes. Vivió en la región de Mongolia Interior, actualmente una región autónoma del norte de China, a mediados del Eoceno.

Tan solo se conoce un cráneo de *Andrewsarchus mongoliensis*, hallado en el año 1923 y que mide 83,4 centímetros de longitud. Dicha característica llevó a que fuera considerado como el carnívoro mamífero terrestre más grande conocido. Sin embargo, dado que su morfología es muy similar a la de los entelodontes, se ha señalado que también estaríamos tratando con un animal omnívoro.

Recreación de *Andrewsarchus*.

DAEODON

Daeodon shoshonensis está considerado como el entelodonte más grande conocido. Dicha especie habitó en América del Norte hace unos 23 Ma, desde finales del Oligoceno hasta comienzos del Mioceno. Se ha calculado que los individuos adultos habrían medido cerca de 2 metros de altura hasta los hombros, además de contar con un cráneo de 90 centímetros de longitud.

El género *Daeodon* fue descrito por el paleontólogo estadounidense Edward Drinker Cope en 1878. Dicho nombre proviene de las palabras griegas *daios* (que se traduce como «terrible») y *odon* (que significa «dientes»). *Paraentelodon* fue un género relacionado con estos animales, con un tamaño similar pero que habitó en Asia. Sin embargo, se desconoce gran parte de su morfología, ya que sus fósiles están muy incompletos.

Daeodon vivió en entornos de transición entre los bosques densos y las extensas praderas de Norteamérica. Al igual que el resto de entelodontes, eran animales omnívoros cuya alimentación se centraba en nueces, raíces, huesos y carne.

MORFOLOGÍA DE UN *DAEODON*

JOROBA
Característica de especies más grandes.

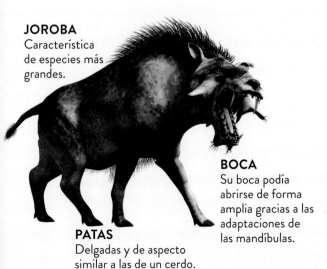

CRÁNEO
Tenían cráneos muy grandes y a veces con expansiones óseas.

BOCA
Su boca podía abrirse de forma amplia gracias a las adaptaciones de las mandíbulas.

PATAS
Delgadas y de aspecto similar a las de un cerdo.

Su morfología se corresponde con la de los mamíferos artiodáctilos.

MIOCENO, LOS REYES DE LA SABANA

El Mioceno es la época que da comienzo al período Neógeno. Se inició hace unos 23 Ma y finalizó hace 5 Ma, dando paso al Plioceno. El nombre de este tiempo fue acuñado por el geólogo escocés Charles Lyell y proviene de las palabras griegas *meion* (que se traduce como «menos») y *kainós* (que significa «nuevo»). De esta forma, se hace referencia a la menor presencia de invertebrados marinos modernos frente a los presentados en el Plioceno.

Un *Amebelodon*, un género relacionado con elefantes modernos, busca alimento en la orilla gracias a sus dientes en forma de pala.

Durante el Mioceno, el clima continuó la tendencia al enfriamiento iniciada en el Oligoceno. Esta dinámica también provocó el aumento de la aridez en diversas regiones de la Tierra, como, por ejemplo, en África Oriental y Australia. A pesar de dicho escenario, durante el Mioceno también se registró un aumento de las temperaturas que abarcó varios millones de años antes de volver a descender.

En esta época los continentes casi habían alcanzado sus posiciones actuales. Eso sí, destaca la ausencia de un puente terrestre entre Norteamérica y Sudamérica. A principios del Mioceno se produjo el choque entre la península arábiga y Eurasia. Dicho acontecimiento supuso que el mar Mediterráneo perdiese su conexión con el océano Índico y permitió el intercambio de fauna entre Eurasia y África.

VIDA

Con respecto a la vegetación, los pastizales continuaron expandiéndose mientras disminuían los bosques. El crecimiento de estos ecosistemas favoreció a animales que pastan, como, por ejemplo, los caballos o los rinocerontes. Además, dicha flora estaba conformada por especies con tallos ricos en sílice, lo que motivó la adaptación de los animales para desarrollar dientes más resistentes. Por otro lado, las grandes extensiones también favorecieron la evolución de animales más veloces para hacer frente a diversos depredadores.

La fauna terrestre y marina estaba compuesta por formas cuyos representantes en la actualidad son fácilmente reconocibles. Por ejemplo, a finales del Mioceno encontramos animales como cánidos, osos, equinos modernos, camélidos, ballenas o diversos tipos de aves. Sin embargo, también existían grupos propios del Oligoceno que perduraron durante esta época. En este sentido podemos mencionar a los nimrávidos (también conocidos como falsos dientes de sable), los entelodontes, los equinos de tres dedos o los creodontos (mamíferos que durante el Oligoceno representaban a los depredadores dominantes en África).

Un evento importante fue la evolución de los simios. De este grupo surgió aproximadamente un centenar de especies que habitaron en África, Asia o Europa. A finales del Mioceno, en esta rama evolucionaron los antepasados de los humanos y de los chimpancés. Los géneros *Sahelanthropus*, *Orrorin* y *Ardipithecus* son algunos ejemplos de esta diversificación.

Por su parte, en el mar la variedad de grandes cetáceos, en especial de ballenas barbadas, se correspondió con la aparición de superpredadores, como el tiburón megalodón (*Carcharocles megalodon*) o el cachalote *Livyatan melvillei*. A mediados del Mioceno, hace aproximadamente unos 14 millones de años, se produjo un evento de extinción conocido como extinción o disrupción del Mioceno Medio que afectó a diferentes formas de vidas tanto terrestres como acuáticas. Se cree que las causas de dicho evento estuvieron relacionadas con cambios climáticos derivados de la modificación en la circulación oceánica y el descenso de la concentración de CO_2 atmosférico. Como resultado, se produjo un enfriamiento del clima que favoreció la expansión del hielo en el Ártico y en la región oriental de la Antártida.

LA CRISIS SALINA DEL MESSINIENSE

La elevación de las montañas situadas en la región del Mediterráneo occidental y el descenso global del nivel del mar provocaron que el mar Mediterráneo se secase a finales del Mioceno. Esta cadena de sucesos cerró la conexión existente entre el océano Atlántico y la región mediterránea, dejando al mar sin un aporte de agua que lograse compensar la evaporación.

Este evento es conocido como la crisis salina del Messiniense, que ocurrió hace entre 6 y 5 Ma. Se cree que la desecación no llegó a ser completa, sino que se mantuvieron algunos cuerpos de agua muy salinos y similares al actual mar Muerto. Finalmente, hace unos 5,33 Ma, el estrecho de Gibraltar volvió a abrirse, comenzando así una repentina inundación de la cuenca del Mediterráneo que se conoce como inundación zancliense.

La desaparición del mar Mediterráneo ha sido confirmada gracias a las muestras de sedimentos tomadas bajo el lecho marino que muestran minerales asociados a la evaporación, así como restos fósiles de plantas. Por otro lado, también se han registrado diversas formaciones geológicas creadas por los ríos, como, por ejemplo, el Nilo, que actualmente se encuentran bajo el nivel del mar.

Este evento debió de provocar la extinción de las formas de vida marinas mediterráneas. Pero también brindó una oportunidad para que la fauna africana (como antílopes, elefantes e hipopótamos) migrase a través de la cuenca del mar seco hacia diversas regiones de Europa. Muestra de ello son las especies de hipopótamos que tras la subida del mar quedaron atrapadas en islas como Chipre, Malta y Sicilia, donde sufrieron un proceso conocido como enanismo insular.

Colmillos aserrados del impresionante tiburón megalodón (*Carcharocles megalodon*).

La evolución del caballo

Se estima que la evolución del caballo tuvo lugar en un período de tiempo que abarca aproximadamente unos 50 millones de años. Gracias a los restos fósiles, se ha reconstruido uno de los árboles evolutivos más completos entre los animales. La evolución del linaje equino tuvo lugar en su mayoría en América del Norte. En dicho continente este grupo se extinguió hace unos 10 000 años, pero regresaron tras ser introducidos por los humanos.

Uno de los primeros representantes de la rama evolutiva del caballo fue Eohippus, un animal que alcanzó el tamaño de un perro.

Los caballos están incluidos dentro del orden de los perisodáctilos (ungulados con un número de dedos impar). Concretamente, estos animales se caracterizan por tener en sus patas un casco que se corresponde con un único dedo modificado. Inicialmente, el grupo de los perisodáctilos surgió a finales del Paleoceno, representado por animales adaptados a la vida en bosques tropicales. Algunas especies se adaptaron a este tipo de ambiente, evolucionando así en los modernos tapires y rinocerontes. Sin embargo, los antepasados del caballo se extendieron hacia regiones más secas, donde los ecosistemas dominantes eran las estepas o las llanuras.

PRIMEROS ANTEPASADOS

Los primeros antepasados del caballo presentaban varios dedos que usaban para caminar sobre terrenos blandos y húmedos. Precisamente este era el tipo de suelo que habría dominado en los bosques tropicales. Conforme se especializaron en la vida de las estepas, dichos antepasados mostraron unas extremidades más largas y patas adaptadas a un sustrato más duro. Exactamente el tercer dedo se adaptó para convertirse en un casco. Todas estas características les proporcionaron una mayor velocidad para huir de los depredadores y moverse por ecosistemas abiertos. Por otro lado, también fue importante el desarrollo de dientes más grandes y resistentes, que les permitían alimentarse de las plantas más abrasivas que encontraban en las llanuras.

El género *Eohippus* surgió hace unos 52 Ma durante el Eoceno. Su cabeza y su cuello eran cortos, presentaba un lomo arqueado. Aun así, se considera que sus extremidades fueron lo suficientemente largas como para permitirle correr a cierta velocidad. Sus patas estaban acolchadas, pero tenía pequeños cascos en lugar de garras. Gracias al estudio de sus dientes sabemos que se alimentaba de hojas blandas y frutos del bosque. A mediados del Eoceno surgió *Orohippus*, cuyo nombre significa «caballo de montaña». Sin embargo, no se trataba de un caballo verdadero y tampoco vivía en las montañas. Su anatomía era similar a *Eohippus*, aunque con un cuerpo más delgado y adaptaciones que sugieren su buena condición como saltador. Además, sus dientes muestran que contaba con una gran capacidad de trituración, por lo que debía de alimentarse de plantas más resistentes.

Entre comienzos del Eoceno y principios del Oligoceno, hace unos 32 Ma, el clima de

Norteamérica se volvió más seco. Dicha situación permitió la expansión de ecosistemas dominados por pastos frente a los bosques. Ante este escenario, los équidos evolucionaron hacia formas con patas más largas, mayor tamaño y dientes más resistentes. Uno de los ejemplos de esta transición es *Mesohippus*, que se acabó convirtiendo en uno de los mamíferos más extendidos de la región.

LA APARICIÓN DE LOS VERDADEROS EQUINOS

Se considera que los verdaderos equinos surgieron entre el Mioceno y el Plioceno. Un ejemplo de este tipo de animales fue *Kalobatippus*, que estaba adaptado a un ambiente boscoso. También podemos mencionar a las especies del género *Parahippus*, que llegaron a alcanzar el tamaño de un poni y tenían un aspecto semejante al de los caballos modernos, así como adaptaciones para vivir en las estepas.

A mediados del Mioceno, uno de los animales más importantes de esta rama evolutiva fue *Merychippus*. Este género se extendió por Norteamérica y dio lugar a diversas especies que se adaptaron a las llanuras de la región. Se cree que el linaje de *Hipparion* surgió de entre algunas de estas especies. Este animal contaba con un cuerpo delgado y de tamaño mediano. Sus patas estaban equipadas con tres dedos que terminaban en pequeños cascos.

A finales del Plioceno, el clima en América del Norte comenzó a enfriarse. Este evento obligó a muchos animales a desplazarse hacia el sur. En este contexto, el género *Plesippus* se convirtió en una etapa intermedia entre *Dinohippus* y el género *Equus*. Por tanto, los caballos modernos y las especies relacionadas (como las cebras o los asnos) surgieron a partir de esta rama.

La especie *Equus simplicidens* es una de las más antiguas de su género. El estudio de su anatomía ha permitido determinar que su aspecto era similar al de una cebra con cabeza de burro. Estos animales vivieron en Norteamérica hace unos 3,5 Ma. Por otro lado, el linaje de *Equus* se expandió fuera de su lugar de origen y dio lugar a diversas especies de asnos, cebras y caballos.

Entre ellas podemos mencionar a *Equus livenzovensis*, que se extendió hacia Rusia y Europa. Estos animales también ingresaron en América del Sur tras la formación del istmo de Panamá. En este continente evolucionaron hacia un género conocido como *Hippidion* hace unos 2,5 Ma. Sin embargo, todas las especies equinas se extinguieron tanto en el norte como en el sur de América. Su desaparición, al igual que le ocurrió a otros representantes de la megafauna, coincide con un cambio del clima y la expansión humana por la región.

ESPECIES DE LA LÍNEA EVOLUTIVA DEL CABALLO

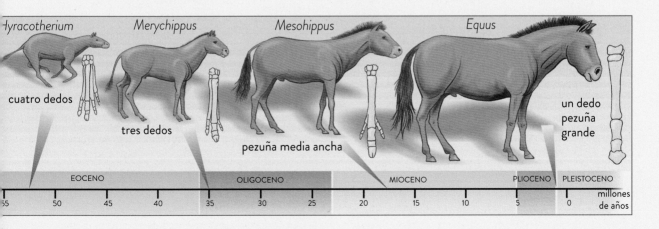

Hyracotherium — cuatro dedos

Merychippus — tres dedos

Mesohippus — pezuña media ancha

Equus — un dedo pezuña grande

| EOCENO | OLIGOCENO | MIOCENO | PLIOCENO | PLEISTOCENO |

55   50   45   40   35   30   25   20   15   10   5   0   millones de años

Los proboscídeos

Los proboscídeos son un orden de mamíferos que engloba a la familia de los elefantes junto con otras familias emparentadas. La primera descripción de este grupo la realizó el zoólogo alemán Johann Karl Wilhelm Illiger en 1811. En un nivel taxonómico superior, los proboscídeos se incluyen dentro del grupo de los tetiterios, donde también están clasificados los embritópodos y los sirenios (manatíes y dugongos). Además, todos estos animales se consideran cercanos a los pequeños hiracoideos o damanes, conformando así el grupo de los penungulados o *Paenungulata*. Dicho término proviene del latín y significa «casi ungulados».

Los proboscídeos son un orden de mamíferos que también cuentan con unas patas robustas y se podrían considerar casi ungulados.

EL ORIGEN DE LOS PROBOSCÍDEOS

Eritherium, cuyos fósiles fueron hallados en Marruecos, vivió hace unos 60 Ma y es considerado como el proboscídeo más antiguo. Este animal presentaba un tamaño pequeño: medía alrededor de 20 centímetros de altura hasta los hombros y pesaba entre 5 y 6 kilos. *Eritherium* es el punto de partida de una rama evolutiva que incluye a otros animales como *Phosphatherium*. Dicho género habitó en el norte de África durante el Paleoceno, hace unos 56 Ma.

A principios del Eoceno encontramos a *Daouitherium*, un género de proboscídeos que habitó el norte de África hace unos 55 Ma. Se estima que dichos animales pesaban entre 170 y 200 kilos, por lo que serían de los primeros grandes mamíferos de África. Por otro lado, podemos mencionar a *Numidotherium*, que data de mediados del Eoceno, hace unos 46 Ma. Estos animales tenían el aspecto de un tapir moderno, incluyendo una probóscide corta. *Numidotherium* medía entre 90 y 100 centímetros de altura hasta los hombros y pesaba cerca de 300 kilos.

Palaeomastodon vivió hace unos 36 Ma, desde finales del Eoceno hasta principios del Oligoceno, en África. Dicho género representa a animales que habitaban en regiones pantanosas y usaban dos pequeños colmillos superiores para raspar la corteza de los árboles. También contaban con una pequeña trompa. Por tanto, su aspecto era similar al de un elefante, aunque de menor tamaño. Se estima que medían unos 2 metros de altura hasta los hombros y pesaban unas 2 toneladas.

Por tanto, los proboscídeos surgieron en África y, a medida que iban evolucionando, fueron aumentando de tamaño y diversidad. De esta forma, a mediados del Mioceno la mayoría

Fósil de *Deinotherium giganteum* que se muestra en el museo de Historia Natural de Bucarest (Rumanía).

de especies de este grupo eran animales que alcanzaban grandes tallas. La unión entre África y la península arábiga, ocasionada a principios de dicha época gracias al movimiento de los continentes, permitió a los proboscídeos expandirse hacia Eurasia y finalmente llegar a América. En la actualidad la mayoría de los proboscídeos se han extinguido y tan solo quedan los elefantes modernos, que están conformados por los géneros *Loxodonta* y *Elephas*.

LOS DINOTERIOS

Los dinoterios fueron una familia de proboscidios que surgió en África durante el Oligoceno. Posteriormente, los géneros de este grupo se expandieron por Asia y Europa. Su característica más llamativa eran los dos colmillos curvados hacia abajo que surgían desde la mandíbula inferior. Se cree que la función de dichos colmillos consistía en despejar la vegetación, como matorrales o árboles, de los cuales se alimentaban. Por otro lado, la forma del cuerpo de estos animales era muy similar a la de los elefantes modernos. El animal más representativo de este grupo es *Deinotherium*, cuyo nombre significa «bestia terrible». Este grupo se extinguió durante el Plioceno.

Los tres géneros conocidos de este grupo (*Chilgatherium*, *Prodeinotherium* y *Deinotherium*) representan una sucesión evolutiva de animales que se fueron reemplazando a lo largo del tiempo. Las especies del género *Chilgatherium* son los dinoterios más antiguos conocidos. Sus restos datan de finales del Oligoceno y han sido hallados en África. Dichos animales eran pequeños, no superiores a las magnitudes que alcanzan los cerdos de gran tamaño.

Tras la extinción de los indricoterinos (presentados en las páginas sobre el Oligoceno), los dinoterios se convirtieron en los animales terrestres más grandes de la Tierra entre principios y mediados del Mioceno. Esta época está considerada como el momento de apogeo de los dinoterios gigantes, representados por el género *Deinotherium*. Por ejemplo, se estima que algunos ejemplares de *D. giganteum* llegaron a medir entre 3 y 4 metros de altura y pesar entre 8 y 12 toneladas.

MOERITHERIUM

Otro género destacado es *Moeritherium*, que representa a animales semiacuáticos que vivieron durante el Eoceno hace unos 37 Ma. Su aspecto, por convergencia evolutiva, era similar al de los tapires. Eran de tamaño medio, con una altura de unos 70 centímetros hasta los hombros y un peso de 235 kilos. Probablemente contaba con un labio superior flexible, como el de un tapir, para poder asir la vegetación. Sin embargo, se considera que este género no fue un antepasado directo de los proboscídeos, sino una rama cercana que se extinguió sin dejar descendientes actuales.

LOS GONFOTÉRIDOS

La familia de los gonfotéridos fue un grupo del orden de los proboscidios. El aspecto de estos animales era similar al de los elefantes modernos. Durante el Mioceno y el Plioceno, este grupo estuvo muy extendido por América del Norte, aunque también existieron diversas especies de gonfotéridos en Eurasia e incluso se expandieron por América del Sur tras la creación del istmo de Panamá.

Los gonfotéridos surgieron en África durante el Mioceno. Hace unos 19 Ma, en dicha época, este grupo se extendió por Eurasia y posteriormente, hace aproximadamente 16 Ma, logró cruzar el estrecho de Bering y llegar hasta América del Norte.

El género *Gomphotherium* es el representante más famoso de esta familia. Estos mamíferos medían cerca de 3 metros de altura. Su aspecto era muy similar al de los elefantes, aunque contaban con más colmillos: dos superiores y otros dos inferiores. Los colmillos inferiores crecían paralelos y tenían forma de pala, motivo por el que se cree que los usaban para desenterrar comida o recoger vegetación acuática. Las especies de este género habitaron en Europa, América del Norte, Asia y África.

La extinción de los gonfotéridos no está esclarecida del todo. Se cree que una de las causas fue su especialización en una dieta basada en una flora que entró progresivamente en regresión. A ello se habrían sumado el cambio climático registrado durante el Plioceno y la depredación por parte de los humanos. Independientemente de la causa de su desaparición, el hecho fue que hace unos dos millones de años estos animales acabaron siendo reemplazados por otros proboscídeos: los mamuts y los mastodontes. El último género que habitó en Norteamérica fue *Cuvieronius*, mientras que *Notiomastodon* se mantuvo en Sudamérica hasta hace unos 11 000 años, a finales del Pleistoceno. Por otro lado, el último gonfoterio de Eurasia fue *Sinomastodon*, que se extinguió entre principios y mediados del Pleistoceno.

Stegotetrabelodon es otro género famoso de gonfoterio. Actualmente se reconocen dos especies de este tipo, que vivieron en África durante el Mioceno. También eran animales de gran tamaño, caracterizados por cuatro colmillos alargados (dos superiores y dos inferiores). Se estima que la especie *S. syrticus* podía medir aproximadamente 4 metros de altura hasta los hombros y llegar a pesar unas 12 toneladas.

MORFOLOGÍA DE *STEGOTETRABELODON*

Podían crecer hasta una altura aproximada de 4 m hasta los hombros.

Stegotetrabelodon pertenecía a la misma familia de los elefantes actuales. Destacaban por sus cuatro grandes colmillos.

Stegotetrabelodon presentaban rasgos (piel, cola, orejas, trompa, etc.) muy similares al de los actuales elefantes.

Sus patas estaban adaptadas para soportar su gran peso.

LOS ESTEGODÓNTIDOS

Los estegodóntidos fueron una familia de proboscídeos que habitaron África y Asia desde el Mioceno (hace unos 15 Ma) hasta finales del Pleistoceno.

El género más representativo de este grupo era *Stegodon*, que incluía especies de aspecto y tamaño similar al de los modernos elefantes. Por ejemplo, un ejemplar de *S. zdanskyi* hallado en el río Amarillo (China) llegó a medir 3,87 metros de altura y pesó aproximadamente 12 toneladas.

Dentro del género *Stegodon* encontramos varias especies que habitaron diversas islas de Asia y presentaron un tamaño medio o pequeño. Este fenómeno es conocido como enanismo insular y es un proceso común en regiones isleñas. Los restos fósiles de estos animales han sido descubiertos en islas del Sudeste Asiático (Sulawesi, Flores, Timor, Sumba, Luzón y Mindanao), así como en Taiwán y Japón. La especie más pequeña conocida de dicho género es *S. sumbaensis*, cuyo peso se ha estimado en 250 kilos.

También podemos destacar la especie *S. florensis*, que habitó en la isla de Flores hace unos 850 000 años. A partir de estos animales surgió una subespecie denominada *S. f. insularis*, que fue contemporánea y presa común del homínido *Homo floresiensis*. Estos animales desaparecieron hace unos 49 600 años.

Stegodon fue el género más representativo de la familia de los estogodóntidos. Estos animales vivían en África y Asia.

LOS AMEBELODÓNTIDOS

Los amebelodóntidos fueron otra familia de proboscídeos cuya característica más llamativa eran sus colmillos inferiores, unos dientes alargados, estrechos y aplanados, con un aspecto similar al de una pala. Entre los géneros que podemos destacar se encuentran *Amebelodon*, que surgió en América del Norte a finales del Mioceno hace aproximadamente 9 Ma, y *Platybelodon* (nombre que significa «diente de pala»), que habitó en África, Asia y la región del Cáucaso a mediados del Mioceno.

Tradicionalmente, las especies de amebelodóntidos se han representado como grandes herbívoros que usaban sus colmillos para asir plantas acuáticas. Sin embargo, el estudio detallado de los dientes ha mostrado que en realidad se servían de los colmillos para quitar la corteza de los árboles y cortar ramas gracias a unos bordes afilados.

Al igual que otros proboscídeos eran de gran tamaño.

Los amebelodóntidos también tenían dos colmillos superiores que sobresalían de la boca.

El rasgo más llamativo de los amebelodóntidos fueron sus colmillos inferiores y tenían un aspecto similar a una pala.

Los diversos caminos de los artiodáctilos

Los artiodáctilos, o ungulados de dedos pares, son un grupo de mamíferos que en la actualidad está conformado por alrededor de 270 especies. Algunos ejemplos modernos que podemos mencionar son los suinos (cerdos y pecaríes), hipopótamos, rumiantes (ovejas, cabras, vacas, ciervos, antílopes y jirafas, entre otros) o tilópodos (camellos, llamas y alpacas). Por tanto, representan a animales terrestres de gran éxito y abundancia que cumplen importantes papeles ecológicos.

Grabado de 1866 que muestra una imagen de *Sivatherium*, un género extinto de jirafas con astas enormes.

Los fósiles más antiguos de artiodáctilos datan de principios del Eoceno, hace aproximadamente unos 53 Ma. Entre las primeras formas de este grupo destaca *Diacodexis*. Este género estaba conformado por animales de pequeño tamaño, cuerpo delgado y patas alargadas. Concretamente las patas traseras eran más largas que las delanteras.

Algunas familias de artiodáctilos se extinguieron sin dejar descendencia que sobreviviese hasta la actualidad. Quizá uno de los casos más llamativos fue el de los entelodontes, grupo que existió desde el Eoceno hasta el Mioceno, acerca de los cuales tratamos en las páginas sobre el Oligoceno. Por otro lado, algunas familias de artiodáctilos supusieron un paso previo para otras ramas evolutivas. Este fue el caso de los antracotéridos, considerados como ungulados semiacuáticos relacionados con los hipopótamos y los cetáceos. Dentro de esta clasificación se ha situado el género *Anthracotheres*, cuyo aspecto recuerda al de un hipopótamo de cabeza alargada.

Las diferentes ramas de artiodáctilos evolucionaron en diversas regiones de la Tierra para luego expandirse y diversificarse. Así ocurrió con los tilópodos, que surgieron en América del Norte durante el Eoceno, hace unos 40 Ma, y posteriormente lograron llegar

Fragmento de una mandíbula fósil y 5 dientes de un *Oreodont* (*Merycoidodon*), un mamífero herbívoro extinto de las épocas del Eoceno tardío al Mioceno temprano.

a Eurasia entre finales del Mioceno y principios del Plioceno. Sin embargo, todas las formas de camélidos se extinguieron en América del Norte hace unos 10 000 años.

Tampoco debemos olvidar que los antepasados de los cetáceos fueron artiodáctilos. Como vimos en el apartado sobre el Eoceno, el origen de este grupo se situó en el subcontinente indio hace unos 50 Ma y partió de animales pequeños cuyo aspecto recuerda al de los ciervos ratón

LOS PROTOCERÁTIDOS Y SUS LLAMATIVOS CUERNOS

Entre las familias extintas de los artiodáctilos se encontraban los protocerátidos, unos herbívoros que habitaron en América del Norte desde el Eoceno hasta el Plioceno (entre hace unos 46 Ma y 5 Ma).

El aspecto de los protocerátidos era muy similar al de los modernos ciervos, aunque esta morfología debe considerarse como una convergencia, ya que no estaban directamente relacionados. El tamaño de estos animales variaba entre 1 y 2 metros de longitud, dependiendo de la especie. Gracias a los estudios de sus dientes se ha podido comprobar que centraban su alimentación en pastos duros al igual que los actuales ciervos.

El aspecto más llamativo de estos mamíferos eran sus cuernos. Además de presentar cuernos situados en la cabeza, a muchas especies de este grupo les nacían cuernos sobre la nariz. En las especies del género *Syndyoceras* dichos cuernos crecían en forma de V. En otros casos, como en el de *Synthetoceras*, estaban fusionados en la base y luego se ramifican en dos puntas. Dichas estructuras solo aparecían en los machos, ejemplo de dimorfismo sexual.

Dentro de este grupo también podemos mencionar al género *Kyptoceras*, que vivió entre el Mioceno y el Plioceno. Estos animales fueron los últimos representantes de su familia. La causa de la extinción de los protocerátidos pudo tener que ver con la expansión por América del Norte de otros herbívoros. Sin embargo, algunas especies lograron sobrevivir hasta el Plioceno en la región de Florida gracias a la abundancia de bosques que les eran favorables.

SIVATHERIUM, LAS JIRAFAS MÁS GRANDES

Sivatherium era un género de jirafas cuyo hábitat se extendió por toda África hasta el subcontinente indio. Este grupo surgió a finales del Mioceno, hace aproximadamente 7 Ma, y se extinguió a principios del Pleistoceno. Entre las especies que conformaban este género sobresalía *Sivatherium giganteum*, considerada como una de las jirafas más grandes que se conocen. Se cree que el aspecto de estos animales era similar al de los modernos okapis, aunque presentaban un cuerpo mucho más grande y robusto. Según se ha estimado, dichos animales habrían alcanzado una altura de 3 metros y un peso de aproximadamente entre 500 y 1 000 kilos. Por tanto, también es uno de los rumiantes más grandes que han existido.

La característica más llamativa de *Sivatherium* fueron sus grandes cuernos, que solo estaban presentes entre los machos. Al igual que en las modernas jirafas, estas estructuras eran osiconos, pero tenían un aspecto ancho que recuerda a las astas de los alces. Debido al gran peso de los cuernos, estos animales debían hacer uso de músculos fuertes en el cuello para levantar el cráneo.

PLIOCENO, NUESTROS ANCESTROS

A la izquierda, fósiles marinos en los depósitos de una Reserva Natural del Pleistoceno, en Italia. A la derecha, mapa que muestra el estrecho de Gibraltar.

Los continentes se encontraban prácticamente en sus posiciones actuales. Este período comenzó tras la crisis del Messiniense en la que el mar Mediterráneo se cerró por la unión de África con Europa por el estrecho de Gibraltar. Sin embargo, a inicios del Plioceno, en un evento conocido como la inundación zancliense, el estrecho se volvió a abrir y las aguas del Atlántico revitalizaron la cuenca mediterránea. Así se ha mantenido el mar Mediterráneo hasta nuestros días.

CONTINENTES

Otro de los acontecimientos más importantes que sucedieron en este período fue el nacimiento del istmo de Panamá, un puente de tierra por el cual Norteamérica y Sudamérica terminaron uniéndose en un único continente. Este suceso no fue una mera unión entre tierras, sino que tuvo grandes consecuencias a escala global. Durante millones de años, corrientes marinas cálidas procedentes de los trópicos se incorporaron al Atlántico contribuyendo a amortiguar las frías temperaturas de las corrientes polares. Sin embargo, el nuevo istmo bloqueó estas corrientes cálidas y el Atlántico quedó aislado. En consecuencia, este océano se volvió mucho más frío, lo que afectó a la temperatura global y al clima de todo el planeta.

Por otra parte, la fusión de dos continentes que habían permanecido aislados durante milenios provocó un gran impacto en la ecología de la recién formada América. Los animales procedieron a viajar a través del puente de tierra de una mitad a la otra. Fue así como los ungulados llegaron a Norteamérica y la razón por la que muchos depredadores sudamericanos desaparecieron en parte por la competencia con los forasteros norteamericanos.

Pero el istmo de Panamá no fue el único puente de tierra en aparecer. El nivel del mar bajó exponiendo una conexión entre Alaska y Asia que ayudó a muchos organismos marinos en su expansión hacia el Pacífico o el Ártico.

CLIMA

Aunque la temperatura global del Plioceno se situaba en un par de grados por encima de la actual, poco a poco el planeta se fue enfriando. Según se fue acercando el Pleistoceno, el período siguiente, las temperaturas empezaron a caer y comenzaron las famosas glaciaciones.

Fue en este momento de enfriamiento cuando el clima se hizo más árido. Los bosques se fueron retirando y cobraron protagonismo las praderas y sabanas, entornos de gran importancia en la evolución del ser humano.

Ya en el Plioceno comenzaron a bajar las temperaturas, siendo augurio del inicio de las edades de hielo.

FLORA Y FAUNA

El enfriamiento del clima redujo considerablemente los bosques tropicales y propició la expansión de la tundra y la taiga cerca de altas latitudes y la de desiertos en Asia y África. A su vez, las sabanas y praderas se fueron expandiendo otorgándoles una oportunidad única a miles de nuevas especies de herbáceas para prosperar, y con ellas nuevas especies de animales adaptadas a estos entornos.

Gran parte de los animales del Plioceno nos sería reconocibles con aquellos que existen en la época actual. Comenzaron a aparecer grandes herbívoros y carnívoros depredadores, un indicio de la megafauna que posteriormente floreció en el Pleistoceno. Con todo, en el Plioceno es cuando encontramos los primeros fósiles de homininos, los primeros primates en usar la marcha bípeda y nuestros primeros ancestros africanos.

Representación en 3D de una manada de *Elasmotherium*, rinocerontes de un solo cuerno que vivieron en el Plioceno y Pleistoceno.

Este herbívoro se alimentaba de la materia vegetal de los árboles.

Megatherium

Nombre: *Megatherium americanum*
Alimentación: herbívora
Longitud: 6 m
Período: Plioceno temprano a Holoceno temprano
Encontrado en: Sudamérica

Los perezosos actuales son animales arborícolas propios de las selvas tropicales americanas. Su nombre hace referencia a su lento metabolismo. Dado que tienen una dieta muy pobre de vegetales de bajo aporte calórico, tienen un ritmo de vida extremadamente lento. Se mueven muy despacio y pasan su vida entera en los árboles, que solo abandonan para defecar.

DESCRIPCIÓN

Curiosamente, si se presenta la oportunidad, los perezosos no son malos nadadores y son capaces de aguantar su respiración más de media hora gracias a la bajada de sus pulsaciones, ya de por sí pausadas por su lento metabolismo.

Pero en otra época los perezosos poco se parecían a estos animales arbóreos. Había miembros de esta familia que no solo eran completamente terrestres, sino que además alcanzaron enormes tamaños. *Megatherium* fue el mejor ejemplo de ello llegando a medir 6 metros de longitud y a pesar casi 5 toneladas.

VIDA Y MUERTE

El naturalista francés George Cuvier fue capaz de determinar qué tipo de animal era el perezoso gigante, pero no dio más detalles del antiguo estilo de vida de estos organismos. Su trabajo se limitó a la descripción del propio ejemplar. Hipótesis posteriores fueron las que intentaron responder a la pregunta de cómo vivían estos animales.

La primera de ellas hacía referencia a las enormes garras que presentaba *Megatherium*. En un primer momento se pensó que estas estructuras indicaban que el perezoso gigante era un animal excavador que hacía enormes túneles subterráneos socavando la tierra con sus poderosas garras. Más tarde se hipotetizó que eran animales terrestres y que rebuscaban raíces en la tierra. Otra idea era que estos enormes perezosos fuesen arbóreos, como sus parientes actuales.

Sin embargo, todas estas propuestas fallaban por el mismo motivo: el enorme tamaño de *Megatherium*. Un animal de tales proporciones debería de haber dejado restos importantes de madrigueras si hubiera vivido en ellas. Además, se hace difícil imaginar qué tipo de árbol pudo sustentar a un animal de 5 toneladas.

Finalmente, la conclusión actual es que este herbívoro se alimentaba de la materia vegetal de los árboles. Se sentaba sobre sus cuartos traseros y procedía a consumir las ramas y las hojas, acercándolas con sus poderosas extremidades hacia su boca.

Aun así, la forma de locomoción de estos animales sigue siendo una incógnita. Probablemente desarrollaban una marcha cuadrúpeda, puede que se apoyaran sobre los nudillos, como los osos hormigueros, con los que comparten cierto parentesco, y algunas huellas parecen indicar que podían caminar en marcha bípeda. Pero nada de esto es concluyente y harán falta nuevos estudios para comprender la biodinámica de los grandes perezosos antiguos.

CUVIER Y EL PEREZOSO

En 1787 se descubrieron en Luján, Argentina, los restos fósiles de un animal de gran tamaño. En un primer momento se guardaron en el palacio del marqués de Loreto y luego fueron recogidos en cajones y enviados a España al año siguiente. El esqueleto llegó al Real Gabinete del Museo Nacional de Ciencias Naturales (MNCN) de Madrid. Allí fue donde Juan Bautista Bru de Ramón estudió la anatomía del ejemplar y se dispuso a montarlo y exponerlo en el gabinete. Acompañó el montaje con detalladas ilustraciones del esqueleto montado y de los huesos individuales ayudándose del grabador Manuel Navarro. Estas ilustraciones se enviaron posteriormente a Francia, donde solicitaron a Georges Cuvier que determinara de qué tipo de animal se trataba y su parentesco.

Diente fósil de Megatherium recogido en la Patagonia (Argentina).

Cuvier utilizó sus conocimientos anatómicos para comparar aquellos fósiles con los esqueletos de animales actuales. Este método se sigue utilizando hoy en día en paleontología y se conoce como anatomía comparada. De este modo el naturalista francés pudo determinar que aquellos restos se correspondían con los de un perezoso, solo que se trataba de uno gigantesco. Los resultados se publicaron en 1796 en *Magasin encyclopédique*.

Hoy en día se puede apreciar en el MNCN el montaje original de *Megatherium*, que, a pesar de estar desactualizado y mostrar incorrecciones anatómicas, se mantiene por motivos históricos. De hecho, está disponible el esqueleto en formato digital y puede verse si se busca *Megatherium americanum digitalis*.

Los mamíferos marsupiales

Nombre: *Thylacoleo crassidentatus*
Alimentación: carnívora
Longitud: 1,50 m
Período: Plioceno
Encontrado en: Australia

Nombre: *Thylacosmilus atrox*
Alimentación: carnívora
Longitud: 1,2-1,5 m
Período: Mioceno a Plioceno
Encontrado en: Argentina

Diferencia de tamaño entre el extinto Smilodon y un leopardo actual. Son dos felinos con una evolución diferente.

Australia se considera la cuna de los mamíferos marsupiales. Ningún otro territorio en la actualidad cuenta con una diversidad tan grande de estos animales. Sin embargo, en el pasado no solo había canguros o koalas. Algunos de estos marsupiales llegaron a ser cazadores formidables.

EL LEÓN CON BOLSA

Uno de los casos más claros fue el de *Thylacoleo*, también conocido como león marsupial. Este nombre procede de su tamaño, pues las especies más grandes, como *Thylacoleo crassidentatus* o *T. carnicex*, alcanzaban el peso y el tamaño de un león actual, lo que los situaba entre los mamíferos más grandes que existieron en la Australia de aquella época.

Debido a las características propias de un escalador entre distintas especies de su grupo, se estima que estos animales acechaban sobre sus presas emboscándolas desde los árboles y dejándose caer encima de ellas cuando se encontraban en posición.

Sin embargo, en el Pleistoceno el clima cambió y Australia comenzó a hacerse cada vez más árida.

Los bosques y las arboledas se fueron retrayendo y este cazador acabó por ser víctima de la reducción de su hábitat, lo que le llevó finalmente a su extinción.

Esqueleto de *Thylacoleo carnifex*.

Smilodon y un puma en una pelea.

EL TIGRE DIENTES DE SABLE MARSUPIAL

Los mal llamados tigres dientes de sable eran animales que no pertenecen a la especie o género del tigre (*Panthera tigris*), pero sí se trataba de félidos o felinos con unos dientes caninos de grandes proporciones, tanto que sobresalían de sus mandíbulas. Uno de los más conocidos es *Smilodon*, que habitó por toda América desde el Pleistoceno hasta el Holoceno.

No obstante, *Smilodon* no fue el único dientes de sable americano. Un primo lejano ostentaba también ese título: *Thylacosmilus*, un mamífero marsupial con unos enormes caninos muy parecidos a los que posee el famoso *Smilodon*. Algunos estudios sugirieron en su momento que la mordida del marsupial era mucho más débil que la de su primo placentario. Se concluyó entonces que o era carroñero o usaba una estrategia de caza diferente, como centrarse en consumir las partes blandas de sus presas, como las vísceras. Estudios más recientes han desmentido esta idea y demostrado que este animal era capaz de abatir presas del mismo modo que *Smilodon*. Sus principales capturas solían ser los herbívoros pastadores sudamericanos, como *Toxodon* o *Nesodon*. Este curioso marsupial acabó extinguiéndose en el Plioceno, antes de que sucediese el Gran Intercambio Biótico Americano, durante el cual *Smilodon* colonizó Sudamérica ocupando los hábitats que antes había frecuentado *Thylacosmilus*.

MARSUPIALES Y EVOLUCIÓN CONVERGENTE

Thylacosmilus y *Smilodon* eran dos organismos que no estaban cercanamente emparentados entre sí. Uno era un marsupial, más cercano a un canguro o a un diablo de Tasmania, y el otro era un placentario como los gatos o los leopardos en este caso.

¿Pero cómo es posible que dos animales con orígenes tan distintos terminaran siendo tan parecidos? No fue el único ejemplo que vemos de ello. En Australia hay una versión marsupial para multitud de mamíferos placentarios que conocemos. El lobo y el lobo de Tasmania, el oso hormiguero y el numbat, la ardilla voladora y el petauro, etc. Todo esto sucede por un fenómeno llamado evolución convergente.

La evolución convergente sucede cuando dos linajes de seres vivos desarrollan características parecidas a pesar de no compartir un origen común cercano. Ocurre porque llegan a las mismas soluciones ante el mismo problema. Por ejemplo, las aves y los murciélagos no están cercanamente emparentados, pero la evolución los ha dotado de una estructura cuya función es permitirles el vuelo. Son lo que se conoce como órganos análogos. Comparten función, pero no origen evolutivo. Esto se debe a que las alas necesitan de una estructura aerodinámica básica que ayude a generar la sustentación que requieren estos animales a la hora de desplazarse por el aire.

En consecuencia, podemos decir que las leyes de la física también delimitan la forma de los seres vivos. Es el mismo motivo por lo que los peces, los delfines y los ictiosaurios se parecen. Porque una forma de huso es la que permite una mayor hidrodinámica. Como siempre, la naturaleza subraya su fama de perezosa y gusta de reciclar diseños o cambiarlos poco siempre que puede.

Australopithecus

Nombre: *Australopithecus afarensis*
Alimentación: omnívora
Altura: 1,05 m
Periodo: Plioceno
Encontrado en: Etiopía y Tanzania

Los fósiles descubiertos en Etiopía en 1974 en el yacimiento de Hadar fueron los de una hembra de *Australopithecus afarensis*. Esta hembra, apodada Lucy por la canción de Los Beatles *Lucy in the sky with diamonds* que sonaba en la radio del equipo de excavación durante el hallazgo, fue uno de los descubrimientos más importantes del siglo.

Se trataba de un homínido como un chimpancé con características anatómicas que indican claramente que era un animal bípedo.

LUCY

Una suerte de fusión entre lo que en la época se consideraba un híbrido de mono y humano. Con estos animales se originaron los homininos, el grupo de los primates que presentaban marcha bípeda y dentro del cual nosotros somos la única especie viva que queda.

LAS PRIMERAS PISADAS

Lucy y otros homininos vivían en bosques cercanos a las praderas. Desde siempre se ha planteado la hipótesis de que el bipedismo surgió por la necesidad de ver sobre la hierba alta de la sabana. Sin embargo, los fósiles han rebatido esta idea a cada nuevo descubrimiento de hominino bípedo en zonas boscosas. Y es que incluso Lucy conservaba adaptaciones a la vida arborícola.

La marcha bípeda debió de surgir por una serie de novedades evolutivas y cambios en el esqueleto que hicieron que para aquellos individuos fuese más sencillo desplazarse de esa manera, mucho más que para los homínidos actuales, como los gorilas, que son capaces de andar sobre dos patas, pero no suelen hacerlo por el coste energético que supone. En consecuencia, esa novedad evolutiva resultó ser ventajosa para ellos, pues aquel linaje continuó su camino y se diversificó hasta el día de hoy, en el que los humanos nos extendemos por todo el globo.

Sabiendo esto, nuestros ancestros africanos seguían desenvolviéndose bien en tierra. Así lo muestran las icnitas de Laetoli (Tanzania), atribuidas a la misma especie que Lucy, en las cuales vemos huellas muy similares a las que

podríamos hacer nosotros en la playa, otra prueba más de la capacidad que tenían estos animales de desempeñar la marcha bípeda. Incluso sabemos que las crías de estos animales estaban más adaptadas a trepar en los árboles que los adultos, lo que indica que adultos y jóvenes llevaban estilos de vida distintos. Hoy podemos ver estas diferencias en los gorilas actuales.

En conjunto, todos estos descubrimientos nos han permitido conocer mejor el origen de nuestros primeros ancestros y cómo fueron configurando la base de toda la anatomía humana posterior.

Recreación de un macho y una hembra de *Australopithecus*.

EN EL BOSQUE Y EN LA SABANA

Los primeros homininos abarcaban cierto rango de territorios y estilos de vida. Por ejemplo, *Ardipithecus* era un hominino bípedo que habitaba principalmente en áreas boscosas y aún conservaba muchos caracteres que le facilitaban trepar y vivir en los árboles. Los australopitecos, aun viviendo junto a zonas arboladas, tenían su hogar cerca de lo que sería la sabana africana. Los restos de Lucy se encontraron en lo que sería una antigua llanura deltaica arbolada. Otros animales, como *Paranthropus*, también habitaban en los bosques alimentándose de hierbas y otra materia vegetal que encontraban junto a algún aporte de proteína animal. Esto no quiere decir que no pudiera adentrarse en la sabana y forrajear de sus abundantes pastos.

En definitiva, eran animales muy resilientes, capaces de adaptarse a medios tan distintos como el bosque y la sabana. Sumado a esto se encuentran tímidamente las primeras evidencias de herramientas. Sin duda, los primeros esbozos de la inteligencia humana comenzaron aquí. Y es que numerosos investigadores señalan los cambios recurrentes del clima de África como impulsor de nuestro intelecto. Los continuos cambios de condiciones áridas a más húmedas y viceversa requerían que las especies se adaptasen a estas fluctuaciones climáticas. En consecuencia, la evolución favoreció a especies más adaptables, capaces de amoldarse a los cambios del entorno. Muchas de estas especies se extinguieron, pero su legado ha vivido en el posterior género *Homo*.

PLEISTOCENO, LA EDAD DE HIELO

La biodiversidad del Pleistoceno estuvo muy influenciada por las épocas glaciares, ya que con cada avance del hielo las especies migraban hacia el sur.

El Pleistoceno es la primera época que tuvo lugar durante el período Cuaternario. Dicha época comenzó hace unos 2,59 Ma y finalizó hace aproximadamente 11 700 años. El nombre Pleistoceno proviene de combinar dos palabras del griego antiguo: *pleīstos* (que significa «la mayoría») y *kainós* (que se traduce como «nuevo»). Este término fue acuñado en el año 1839 por el geólogo británico Charles Lyell tras estudiar una serie de estratos donde la diversidad de moluscos era en su mayoría similar a la actual.

PALEOGEOGRAFÍA Y CLIMA

Con respecto a los continentes, se considera que en este tiempo ya habían alcanzado prácticamente su posición actual. A finales del Plioceno se produjo la unión entre América del Norte y del Sur gracias al istmo de Panamá. Este suceso, además de provocar un intercambio de fauna y flora entre los dos continentes, tuvo como consecuencia una transformación en los patrones de circulación oceánica. Esta fue una de las causas del inicio de una glaciación hace alrededor de 2,7 Ma.

Durante el período Neógeno, que contiene las épocas Mioceno y Plioceno, se produjo una tendencia hacia el enfriamiento y aridificación de la Tierra. Dicha evolución continuó en el Pleistoceno. Concretamente, el clima experimentó una gran variación debido a los ciclos glaciares que conllevó que el nivel del mar descendiera hasta 120 metros con respecto a su nivel actual. Entre otras consecuencias, este escenario permitió la conexión entre Asia y América a través del puente de Beringia. El Pleistoceno estuvo marcado por la serie de glaciaciones más recientes. Durante dichos ciclos,

Esqueleto de megalania (Varanus priscus), una gran especie de lagarto que habitó en Australia durante el Pleistoceno.

en el hemisferio norte el hielo creció hacia el sur. También debemos tener en cuenta que las regiones dominadas por permafrost se extendían más allá de las capas de hielo tanto en América del Norte como en Eurasia. Se ha calculado que las capas de hielo habrían tenido un grosor máximo de entre 1 500 y 3 000 metros. Por tanto, estas formaciones retuvieron una gran cantidad de agua, lo que supuso el descenso del nivel del mar.

A este respecto destacó la formación de la capa de hielo Laurentino, que cubría la mayor parte de Canadá y del norte de Estados Unidos. Esta formación creció y disminuyó en función de la evolución de los ciclos glaciares. Durante su último avance creó la región de los Grandes Lagos. El hielo incluso llegó a localidades que hoy en día son costeras, como Boston y Nueva York. Cuando dicha capa se retiró por completo, una gran región central del norte de América del Norte estaba ocupada por el lago Agassiz.

Además, el derretimiento del hielo Laurentino provocó una gran afluencia de agua dulce hacia el océano Ártico que afectó a la circulación termohalina, creando una breve época fría conocida como Dryas Reciente o Joven Dryas. Este evento, considerado la marca del final del Pleistoceno, consistió en un rápido regreso a las condiciones glaciares en las latitudes más altas del hemisferio norte. Por ejemplo, se estima que en este período la temperatura en Groenlandia era unos 15 °C más fría que hoy.

La fauna del Pleistoceno estaba representada por formas modernas, aunque destacaban especies de mamíferos grandes, como mamuts, mastodontes, *Diprotodon, Smilodon, Megatherium* o *Gigantopithecus*. Por otro lado, en las regiones aisladas, como Australia, Madagascar o Nueva Zelanda, se produjo la evolución de una fauna única, como las aves elefantes, los moas o el águila de

Representación en 3D de una tribu Homo que recorre la sabana y se encuentra junto a esqueletos de mamuts.

Haast, así como reptiles, como *megalania* (*Varanus priscus*), el cocodrilo *Quinkana* o la tortuga *Meiolania*.

Hacia finales de esta época se produjo un importante evento de extinción que incluyó mamuts, mastodontes, dientes de sable, gliptodontes, rinocerontes lanudos, jirafas, como *Sivatherium*, ciervos, como megalocero (*Megaloceros giganteus*), grandes perezosos, osos de las cavernas, gonfotéridos, el lobo gigante (*Aenocyon dirus*) o especies de homínidos, como los neandertales. Este evento de extinción comenzó a finales del Pleistoceno y continuó durante el Holoceno. La comunidad académica debate sobre el papel de un cambio climático y la expansión de *Homo sapiens* en esta extinción.

A principios del Pleistoceno en África tuvo lugar la aparición del género *Homo* y la expansión de sus linajes por Europa y Asia. Este suceso ocurrió a finales de la época, aunque dichas especies también se extinguieron durante este tiempo. *Homo sapiens* sería la única especie capaz de llegar hasta Australia y América.

Grandes felinos americanos de pasado

Smilodon era un género de felinos conocidos popularmente como tigres dientes de sable, aunque no estaban relacionados con los tigres modernos. Estos animales habitaron en América durante el Pleistoceno. Su nombre proviene de las palabras en griego antiguo *smilē* (que se traduce como «cuchillo de dos filos») y *ódon* (que significa «diente»).

Los *Smilodon* cazaban grandes herbívoros y como depredador de emboscadas usaba la cobertura vegetal para esconder su presencia.

La primera descripción de *Smilodon* la realizó el naturalista danés Peter Wilhelm Lund a partir de unos fósiles hallados en 1842 en Brasil. En la actualidad, se reconocen tres especies de este género, de las cuales *S. gracilis* es la más antigua y cuyo antepasado pudo ser el género *Megantereon*.

Smilodon era un depredador de cuerpo robusto que contaba con poderosas patas anteriores. La especie más grande fue *S. populator*, que podía pesar entre 200 y 400 kilos y alcanzaba los 120 centímetros de altura. Este tamaño lo ha convertido en uno de los felinos más grandes que se conocen. Sin embargo, su característica más llamativa fueron los dientes caninos superiores, largos y afilados. Dichos dientes en realidad eran frágiles, por lo que no servían para romper huesos, sino que estaban adaptados para matar a las presas

con precisión. Cabe destacar también que su mandíbula contaba con una de las aperturas más grandes de entre los felinos modernos.

Todas las especies de *Smilodon* cazaban grandes herbívoros. Probablemente fuera un depredador de emboscadas que usaba la cobertura vegetal para acercarse a sus objetivos. El estudio anatómico de sus huesos ha permitido determinar que eran buenos saltadores. Para matar a sus presas, las agarraba con sus extremidades anteriores y se servía de los colmillos para herirlas en el cuello.

En América del Norte, *Smilodon* fue contemporáneo de otros grandes depredadores, como el lobo terrible (*Aenocyon dirus*) o el león cavernario americano (*Panthera atrox*). Para evitar la competencia con estas especies, se cree que

Smilodon prefería cazar en zonas boscosas. De esta forma, evitaba las áreas de pastizales donde carnívoros como los lobos tendrían una mayor ventaja. Entre sus presas destacaba *Bison antiquus*, considerado como el antepasado del bisonte americano y con un tamaño mucho mayor. También se alimentaba de distintos tipos de camélidos. Por otro lado, en América del Sur, *Smilodon* cazaba animales como *Toxodon*, *Palaeolama*, gliptodontes o perezosos gigantes.

Al igual que la mayoría de la megafauna del Pleistoceno, *Smilodon* desapareció hace unos 10 000 años durante la extinción registrada en el Cuaternario. Tanto el cambio climático ocurrido en ese tiempo como la expansión de *Homo sapiens* debieron de tener un profundo impacto en los ecosistemas de estos felinos. De esta forma, la desaparición de los grandes herbívoros supuso una repercusión directa sobre los carnívoros que se habían especializado en la caza de estas presas.

OTROS GRANDES FELINOS AMERICANOS

El león cavernario americano (*Panthera atrox*) era una especie de felino que vivió en América del Norte entre el Pleistoceno y el Holoceno. El linaje de estos felinos está relacionado con el del león cavernario euroasiático (*P. spelaea*). Además, los estudios moleculares han demostrado que ambas especies, que ya se extinguieron, estarían emparentadas con el león moderno (*P. leo*). De esta forma, los antepasados de los leones cavernarios se expandieron por Eurasia, lograron cruzar el puente de Beringia y posteriormente quedarían aislados en América debido a las glaciaciones.

El tamaño del león cavernario americano se estima entre 1,6 y 2,5 metros de longitud y 1,2 metros de altura hasta los hombros, mientras que su peso se ha calculado entre 200 y 500 kilos. Por tanto, esta especie representa a uno de los felinos más grandes que han existido o incluso el mayor de todos ellos. Dichos depredadores habitaron en las praderas de América del Norte, donde cazaban herbívoros, como ciervos, caballos, camélidos o bisontes.

El guepardo americano (*Miracinonyx*) es otra de las especies de felinos que vivieron en América del Norte durante el Pleistoceno. Su aspecto era similar al de los guepardos modernos (*Acinonyx jubatus*), pero no estaban emparentados con ellos. El hocico de estos animales era corto, sus cavidades nasales se habían adaptado para captar más oxígeno y tenían patas largas que les ayudaban a alcanzar grandes velocidades. Dichas similitudes con los guepardos se consideran un ejemplo de evolución convergente, ya que ambos géneros no compartían un ancestro común. Concretamente, *Miracinonyx* habría surgido a partir de un antepasado de los modernos pumas.

Las especies de *Miracinonyx* pesaban alrededor de 70 kilos, tenían una longitud de 1,7 metros y una altura de unos 80 centímetros. Estos animales vivían en las praderas del oeste y centro de América del Norte, donde podían cazar animales como los actuales berrendos o antílopes americanos (*Antilocapra americana*). De hecho, estos herbívoros hoy en día son muy veloces, capacidad que, según algunas hipótesis, es consecuencia de haber convivido con aquellos depredadores.

El mamut lanudo, un elefante adaptado al frío

Los mamuts, pertenecientes al género *Mammuthus*, se clasifican dentro de la familia de los elefántidos. Habitaron la Tierra en el Plioceno, hace unos 4,8 Ma, y se extinguieron hace tan solo unos 3 700 años. El nombre proviene de la expresión *mang ont* de la etnia mansi, que se traduce como «cuerno de la tierra» porque los colmillos se hallaron enterrados; luego se tradujo como *mammont* y *mamont* en ruso.

Mamut lanudo adaptado al frío de la época glacial.

El mamut lanudo (*Mammuthus primigenius*) es la especie más famosa dentro de este género. Sus restos se han descubierto en el norte de Eurasia y Norteamérica, entre los que destacan los ejemplares congelados e increíblemente conservados encontrados en Siberia. Estos proboscídeos estaban adaptados a las bajas temperaturas derivadas de la época glacial. Entre sus características más llamativas destacaba su pelaje, compuesto por hasta tres tipos distintos de pelo. Por un lado, un vello fino de unos 5 centímetros de largo les ayudaba a no perder el calor, mientras que otros cabellos de entre 15 a 30 centímetros cumplían la función de aislamiento. Además, contaban con pelos de 90 centímetros de largo que les cubrían gran parte de su cuerpo. Dicha protección se completaba con unas secreciones glandulares con la misión de impermeabilizar el pelo y una capa de grasa de entre 8 y 10 centímetros de espesor.

El aumento de las temperaturas provocó la regresión de los ecosistemas de los mamuts. Exactamente se produjo una reducción de las llanuras a costa de un aumento de los bosques. Además, estos animales se enfrentaron a la caza por parte de *Homo sapiens*. Estos dos factores son barajados como causas de la extinción de los mamuts lanudos, y en la actualidad se discute el grado de implicación de cada uno. Los últimos mamuts lanudos vivieron en la isla de Wrangel, situada en el ártico ruso cerca del estrecho de Bering. Según los restos hallados y las pruebas moleculares, la especie se mantuvo en esta región hasta hace unos 4 000 o 3 900 años.

LA FAMILIA DEL MAMUT

Los mamuts eran proboscídeos que, como se ha comentado anteriormente, pertenecían a la familia de los elefántidos. Eran, por tanto, los parientes más cercanos de los modernos elefantes.

1	2	3

De izquierda a derecha: Mammuthus trogontherii. Mammuthus columbi, fósil expuesto en el museo Paleontológico de Azov (Rusia) y cráneo de Mammuthus columbi en Dakota del Sur, Estados Unidos.

Existieron varias especies de *Mammuthus*. Una de las más antiguas fue el mamut africano (*M. africanavus*), que surgió hace aproximadamente 4,8 millones de años durante el Plioceno. Esta especie es considerada como el antepasado de *M. meridionalis*, que representa a los primeros de su linaje que abandonaron África para expandirse por Eurasia y América del Norte. El mamut meridional podía crecer hasta los 4 metros de altura y pesar 10 toneladas. Posteriormente, apareció el mamut de las estepas (*M. trogontherii*), que habitó en Eurasia y América del Norte a finales del Pleistoceno. Estos animales medían unos 4,7 metros de altura y son considerados como un paso intermedio entre el mamut meridional y el lanudo. Finalmente, también podemos mencionar al mamut colombino (*M. columbi*), que vivió a finales del Pleistoceno en

América del Norte. También eran animales de gran tamaño (entre 3 y 4 metros de altura y un peso de hasta 10 toneladas), cuyos colmillos podían medir hasta 5 metros de longitud.

Los dientes de las diferentes especies de *Mammuthus* muestran una secuencia evolutiva que nos explica cómo los mamuts debieron adaptarse a una dieta cada vez más dominada por hierbas. Esto fue una consecuencia del enfriamiento del clima, suceso que impulsó el crecimiento de las praderas conformadas por plantas más abrasivas. En especial, los molares de estos animales desarrollaron un mayor número de crestas y una corona más alta con la que evitar el desgaste. Se ha calculado que los mamuts lanudos podían consumir hasta 180 kilos de hierba al día.

EL LINAJE DE LOS MASTODONTES

Los mamuts no deben ser confundidos con los mastodontes, que pertenecían a una familia diferente de proboscídeos conocida como mamútidos. Dicho grupo surgió durante el Oligoceno, hace unos 20 Ma, en Eurasia y posteriormente migró a África y América. En esta última región los mastodontes se mantuvieron hasta el Pleistoceno y el Holoceno, cuando se extinguieron hace unos 10 000 u 8 000 años. El género más representativo de este grupo es Mammut.

Los animales más famosos de esta familia fueron los mastodontes americanos, en especial la especie Mammut americanum. Su aspecto era similar en tamaño y masa corporal al de los mamuts, aunque dado que vivían en ambientes más cálidos presentaban un pelaje mucho menos denso. Habitaban en bosques de América del Norte, donde vivían en manadas y se alimentaban de diferentes especies vegetales. Sus colmillos también eran muy largos y podían superar los 5 metros de longitud.

...lle de cráneo de mastodonte americano (Mammut americanum) encontrado en Misouri (Estados Unidos) ...vesto en el museo de Historia Natural de Londres (Reino Unido).

Neandertal

Nombre: *Homo neanderthalensis*
Alimentación: omnívora
Altura: de 1,50 a 1,75 m
Período: Pleistoceno
Encontrado en: Europa y Asia

Las diferencias no se reducen a las físicas, sino también a las culturales.

Descubiertos en 1856, en el valle del Neander que les da su nombre (Alemania), los neandertales se han convertido en una de las especies de *Homo* más conocidas en la cultura popular. En la actualidad son foco de numerosos relatos y hasta de frases hechas o insultos en nuestra vida cotidiana.

Lo cierto es que los neandertales han sido unos grandes incomprendidos. Desde antiguo se los ha tachado de poco inteligentes, brutos, salvajes y, en definitiva, de fracaso evolutivo. Ellos se extinguieron mientras nosotros seguíamos en la Tierra. Casi se vio como una demostración de la superioridad de nuestra especie. Pero nuevas investigaciones han demostrado que no éramos tan distintos como pensábamos. Veamos qué nos diferencia y qué compartimos.

DIFERENCIAS CON LOS HUMANOS

Los neandertales tenían una constitución muy distinta a la nuestra. Eran más fornidos, corpulentos, pero más bajos. Sus cajas torácicas eran más grandes y estaban provistos de una mayor cantidad de grasa. Su rostro carecía de mentón, con una frente estrecha, narices anchas y una protuberancia en sus cejas. Parecían más adaptados a climas fríos, aunque vivieron en una gran diversidad de hábitats.

Las diferencias no se reducen a las físicas, sino también a las culturales. Tenemos testimonio de cómo era el arte neandertal: ornamentos en la cueva de los Aviones (Murcia, España), pinturas rupestres con motivos geométricos a modo de escaleras en la cueva de la Pasiega (Cantabria, España), o evidencias de tumbas y ritos funerarios en la cueva de Shanidar (Irak). Eran capaces de generar un lenguaje articulado pudiendo haberse comunicado de forma muy distinta a nosotros.

Con todo, estas diferencias no supusieron un problema a la hora de que *Homo neanderthalensis* estableciera contacto con *Homo sapiens*. Ambas especies coincidieron en el espacio y en el tiempo. Sus diferencias se hicieron poco notables, ya que una huella en los estudios de nuestro genoma delata lo que pasó en la antigüedad. Neandertales y *sapiens* procrearon y nosotros somos el resultado.

FLUJO GENÉTICO Y EXTINCIÓN

Se sospechaba desde hacía tiempo que en algún momento de la historia de la humanidad nuestra especie tuvo contacto estrecho con los neandertales. Incluso se hipotetizó que hubiera habido un cruce entre ambas especies. Pero la realidad va mucho más allá y en nuestro ADN guardamos la prueba. Lo cierto es que toda la humanidad, a excepción de los subsaharianos, tenemos ADN neandertal, ADN que sigue extendiéndose por la población mundial porque forma parte de nosotros mismos.

¿Pueden dos especies hibridar y generar descendencia fértil? El concepto general de especie es la de todas aquellas poblaciones de individuos que pueden reproducirse entre sí y dar descendencia fértil. Sin embargo, como es habitual en biología, hay excepciones. Muchos animales de distintas especies son capaces de hibridar, tener descendencia y que esta a su vez tenga la capacidad de engendrar otra generación. Este es el caso de nuestra especie con los neandertales. Ambas especies coincidieron en el tiempo y en el espacio y se generaron uniones que dieron lugar a un flujo genético.

Australopithecus

Homo erectus

Homo neanderthalensis

Homo sapiens

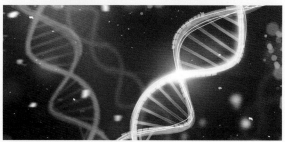

Los neandertales y los sapiens hibridaron de forma que la mayor parte de la población humana actual posee ADN neandertal.

Tal era así que había poblaciones de neandertales en las que el cromosoma Y procedía enteramente de padres *Homo sapiens*, sustituyendo por completo al neandertal. La visión de que exterminamos a los neandertales hasta su extinción contrasta con este hecho.

Lo cierto es que aún no hay consenso sobre por qué desapareció nuestra especie hermana. Algunas hipótesis señalan los cambios climáticos, lo cual no cuadra con la adaptabilidad que habían demostrado al colonizar distintos tipos de territorios. Lo más probable es que hubiera un cúmulo de causas. Sus poblaciones se vieron reducidas y aisladas unas de otras promoviendo la endogamia. Además, el continuo flujo genético con los *sapiens* les hizo perder diversidad genética en su propia especie. También es posible que la competencia con nuestra especie llevase a sus poblaciones a situaciones de estrés por la obtención de recursos y territorios. Con todo, los neandertales acabaron desapareciendo, pero se aseguraron de mantener su legado con nosotros. En nuestro ADN.

HOLOCENO, EL MUNDO ACTUAL

El Holoceno, que se inició hace 11 700 años, es la última época del período Cuaternario y en la que nos encontramos en la actualidad. El Holoceno vio su nacimiento con el fin de la última época glaciar. Desde entonces y hasta la actualidad se ha dado una época interglaciar con temperaturas más cálidas y suaves en la que la vida ha prosperado.

Estratovolcán de edad entre el Pleistoceno y el Holoceno en la península de Kamchatka.

Sin embargo, en sus últimos momentos la vida en la Tierra se ha visto expuesta a una extinción masiva distinta a cualquier otra. Una provocada por la gran influencia global de una única especie: *Homo sapiens*.

CONTINENTES

La posición de los continentes se corresponde con la actual. En un intervalo de tiempo tan pequeño el movimiento de la tectónica de placas ha sido muy poco apreciable. No obstante, el nivel del mar ha cambiado por la fusión de los glaciares de la última Edad de Hielo.

CLIMA

El clima durante el Holoceno se ha mantenido estable desde la última época glacial. En los últimos años la temperatura global ha ido subiendo a pesar de que no hay ningún indicio de que el ciclo de épocas glaciales e interglaciares se haya terminado. Todo indica que se debe al efecto de la acción humana sobre el clima por la emisión de gases de efecto invernadero y el aumento de la temperatura media del planeta.

FAUNA Y FLORA

En un período tan corto de tiempo geológico es difícil ver grandes cambios evolutivos en la flora y la fauna, pero sí suceden eventos que afectan a la ecología del planeta a escala global. Uno de ellos es la progresiva desaparición de la megafauna o los grandes mamíferos que habían destacado durante todo el Cenozoico. Este fenómeno se ha intentado explicar desde la perspectiva de un cambio climático que llevó a la extinción a todos estos animales: mastodontes, los perezosos gigantes, los mamuts, tigres dientes de sable, etc.

El gran problema de esta hipótesis es que estos organismos habían resistido multitud de etapas glaciares e interglaciares sin que eso afectase a la supervivencia de sus especies. Además, ocuparon diversos hábitats en los que podían refugiarse de los cambios climáticos y emigrar a territorios con mejores condiciones.

Otra hipótesis, y la que parece la más probable, es que la desaparición de la megafauna ocurre justo en el momento en que el ser humano colonizaba los territorios que ocupaban. Aunque es difícil señalar una única causa como el motor de extinción de estos grandes animales, todo parece indicar que nuestra especie ha desempeñado un papel importante en su desaparición. En consecuencia, la desaparición de la megafauna ha alterado los ecosistemas para siempre desde la dispersión de semillas hasta el mantenimiento de las praderas o estepas.

Sin duda, el suceso que más ha marcado el Holoceno es el desarrollo humano, sobre todo desde su evolución cultural y avance tecnológico. De hecho, poco después del inicio de este período se datan los primeros registros de la agricultura y la ganadería. Estas actividades fueron las que motivaron los primeros asentamientos fijos humanos que poco a poco condujeron hacia las primeras ciudades y, más tarde, civilizaciones.

La influencia humana no ha terminado ahí. La domesticación de vegetales y animales ha cambiado para siempre los paisajes de la Tierra. La extracción de recursos como la madera, metales y combustible, entre otros, también ha llevado a la alteración de numerosos ecosistemas y a la erosión de multitud de terrenos.

En el mundo actual, nos enfrentamos a una crisis. En un planeta de recursos finitos nos empeñamos en seguir extrayendo con el fin de satisfacer las necesidades del mercado. Nuevas estrategias y cambios de enfoque son necesarios ante la crisis climática y el peligro al que se expone la biodiversidad del planeta por la contaminación,

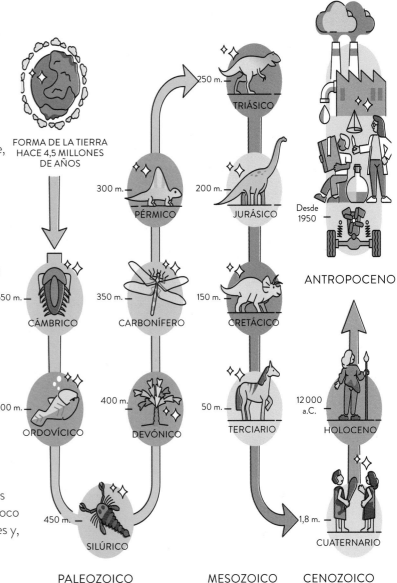

Diagrama vectorial de la vida en la Tierra desde el inicio hasta el Antropoceno, periodo geológico donde la huella del ser humano es muy importante.

el calentamiento global, la pérdida de hábitat, la sobrepesca, la caza, la deforestación, etc.

Tal es el impacto del ser humano que durante un tiempo se ha propuesto nombrar otro período geológico, el Antropoceno. Sin embargo, los geólogos coinciden en que la huella del ser humano aún no se puede apreciar notablemente en el registro geológico, pero sí es notable en la Tierra actual.

Los últimos tilacinos

El primer registro europeo claro de estos animales ocurrió el 13 de mayo de 1792.

La expansión de las sociedades humanas ha supuesto la merma de las poblaciones de diferentes especies a lo largo de la Tierra. La desaparición de este conjunto de fauna y flora conlleva la pérdida de un patrimonio natural, que en muchas ocasiones es único e irrecuperable. Este ha sido el caso del tilacino (*Thylacinus cynocephalus*), un marsupial carnívoro nativo de Australia continental y las islas de Tasmania y Nueva Guinea que se extinguió a mediados del siglo xx.

El tilacino tenía un aspecto similar al de un cánido de tamaño medio o grande, motivo por el que también es conocido como lobo de Tasmania. La especie también ha recibido el nombre de tigre de Tasmania, ya que parte de su pelaje estaba adornado con rayas. Dichas características en realidad no los emparentaba con los lobos ni con los tigres, sino que se consideraban un ejemplo de evolución convergente. De hecho, al igual que otros marsupiales, como los canguros, estos animales contaban con el característico marsupio. Sus parientes más cercanos eran el diablo de Tasmania (*Sarcophilus harrisii*) y el numbat (*Myrmecobius fasciatus*).

El primer registro europeo claro de estos animales ocurrió el 13 de mayo de 1792. Durante una expedición francesa a Tasmania, el naturalista Jacques Labillardière anotó en su diario el encuentro con la especie. En esa fecha los tilacinos ya se habían extinguido en Nueva Guinea y Australia continental. Por tanto, podemos

considerar que Tasmania fue el último reducto de la especie. De todos modos, fue en el año 1808 cuando se realizó la primera descripción científica del tilacino por parte del naturalista George Harris.

Tras la colonización europea de Tasmania, el tilacino sufrió una caza generalizada debido a su condición incomprendida de depredador. Se le acusó injustamente de cazar ovejas, cuando en realidad eran presas que esta especie no podía matar dadas sus adaptaciones. El avance de la ganadería y el establecimiento de recompensas por cazarlos impulsaron la persecución de estos animales. También debemos tener en cuenta la destrucción de su hábitat para generar tierras de pastoreo, así como la expansión de perros salvajes, y el impacto de una enfermedad parecida al moquillo que afectó a los ejemplares criados en cautiverio. Para la década de 1920 el tilacino ya era un animal raro de encontrar en la naturaleza. En 1930 un granjero llamado Wilf Batty disparó contra el último tilacino silvestre del que se tiene constancia. El último ejemplar de tilacino, al que se conocía como Benjamín, vivió en el zoológico de Hobart, en Australia, donde murió el 6 de septiembre de 1936.

A pesar de sobrevivir hasta épocas tan recientes, desconocemos gran parte de la biología de los tilacinos. Las descripciones actuales de estos animales se han realizado por los últimos ejemplares conservados, pieles, esqueletos y fósiles. También existe un escaso material de fotografías y grabaciones en blanco y negro. Sabemos que podían medir entre 1 y 1,30 metros de largo, sin contar la cola, cuya longitud rondaba los 60 centímetros. En cuanto a la altura, los ejemplares adultos solían alcanzar los 60 centímetros hasta los hombros y pesaban unos 20 kilos. El pelaje era marrón amarillento y en él destacaban una serie de rayas oscuras situadas en la espalda y en la parte trasera. Una de sus características más llamativas era su capacidad para abrir las mandíbulas de forma inusual hasta los 80°.

Se cree que eran animales tímidos y de hábitos nocturnos. En la isla de Tasmania, vivían en los bosques y zonas dominadas por arbustos. Durante el día, permanecían ocultos en cuevas, madrigueras o troncos huecos, mientras que aprovechaban el crepúsculo y la noche para cazar. Su alimentación, que era exclusivamente carnívora, probablemente se centraba en grandes aves terrestres.

Esta hipótesis se sustenta en el registro fósil de Australia continental, que apunta a que durante el Pleistoceno en dicha región abundaban aves como megápodos, ratites y dromornítidos. Por otro lado, antes del asentamiento europeo en Tasmania aún sobrevivía en la región una subespecie de emú (*Dromaius novaehollandiae diemenensis*) de la que se piensa que suponía el principal sustento de los tilacinos, aunque dichas aves también se extinguieron debido a la caza humana. Por otro lado, diversos estudios también han apuntado que los tilacinos preferían presas más pequeñas, como bandicuts y zarigüeyas.

HISTORIAS QUE SE REPITEN

Por desgracia, la historia del tilacino no es única. En gran parte del planeta los depredadores se han visto afectados por la persecución humana. Durante siglos, se establecieron recompensas para cazar aquellos animales a los que se consideraban dañinos para los intereses ganaderos u otras actividades económicas. A este respecto podemos mencionar a los lobos (*Canis lupus*), los leones (*Panthera leo*), los leopardos (*P. pardus*), los tigres (*P. tigris*) y muchas más especies menos conocidas.

Todas ellas han experimentado una gran regresión de sus poblaciones. Estas especies, al actuar como carnívoros que controlan las poblaciones de herbívoros, cumplen un papel fundamental.

Por este motivo, su desaparición también se traduce en profundos impactos en los ecosistemas. Es decir,

la naturaleza y los beneficios que aporta no estarán completos sin la presencia de los depredadores. Aún queda mucho trabajo por hacer para evitar que estos fabulosos animales sufran un destino similar al del tilacino. Por fortuna, en algunos casos estas historias se están revirtiendo gracias al impulso de múltiples programas de conservación.

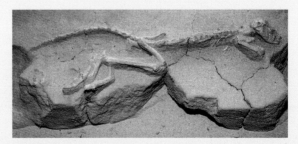

Fósil de tilacino, uno de los marsupiales carnívoros más conocidos. También se le llama tigre o lobo de Tasmania.

Mares de extinción

La influencia humana abarca todo el planeta y a pesar de que somos una especie terrestre, los océanos de la Tierra también acusan su acción. La humanidad lleva miles de años extrayendo recursos de las costas y los mares, y la mala gestión de estos ecosistemas ha llevado a la desaparición de numerosas especies. A continuación, veremos algunas de ellas.

Los mares de la Tierra se encuentran altamente perturbados por la acción humana y cientos de especies sufren las consecuencias.

Actualmente, cientos de especies marinas se encuentran en riesgo de pasar a la historia del mismo modo que las anteriores. La vaquita marina o *Phocoena sinus*, por ejemplo, se encuentra en un estado crítico al contar con una población de tan solo diez ejemplares. Se considera la especie de mamífero marino más amenazada del mundo.

EN PELIGRO CRÍTICO

Otras muchas especies se encuentran ante el mismo destino, como los tiburones, las tortugas o las ballenas, todas ellas amenazadas por la caza, la sobrepesca, las redes en las que acaban atrapadas, la contaminación o los plásticos que las matan cuando los ingieren.

Pero no solo corren peligro especies concretas; ecosistemas enteros están en riesgo. En España los vertidos derivados de la agricultura acaban en el mar Menor, lo que provoca la proliferación de microorganismos que enturbian el agua impidiendo la fotosíntesis y robando el oxígeno al resto de seres vivos. Famosas son las fotos de las orillas de las playas de la zona llenas de peces muertos. Pero la situación va más allá de la escala local. El calentamiento global está causando un aumento de la temperatura de los mares y la acidificación de los océanos. Los arrecifes de coral se mueren y quedan blanquecinos eliminando el sustento de cientos de especies. La situación es preocupante. Los mares son la base de toda la vida en la Tierra. Pero la buena noticia es que aún podemos cambiar la situación e implementar políticas que lleven a la correcta gestión y mantenimiento de nuestro planeta azul. El tiempo dirá si son suficientes.

Otros muchos animales marinos se han ido extinguiendo a lo largo de los siglos, desde moluscos gasterópodos, como *Lottia alveus* o *Cyclosurus mariei*, hasta peces, como *Prototroctes oxyrhynchus*, que era endémico de Nueva Zelanda. Sin embargo, no todo está perdido. La nutria marina estuvo al borde de la extinción por el comercio de pieles hasta que a principios del siglo XX se impuso un gran esfuerzo por la conservación de este animal. Hoy en día sus poblaciones han crecido aunque sigue estando amenazada.

ESPECIES EXTINTAS

Alca gigante. Mientras los pingüinos ocupan el hemisferio sur (a excepción de las Galápagos), las alcas son del Atlántico Norte. Se trata de aves marinas voladoras capaces de bucear en busca de alimento. Sin embargo, el alca gigante, que llegaba a los 85 centímetros de altura y los 5 kilos de peso, había perdido la capacidad de volar. Su carne y sus plumas eran de gran interés económico en el siglo XVI. El creciente interés de los coleccionistas por poseer ejemplares disecados y huevos de este animal alentaron su caza intensiva, que fue mermando las poblaciones hasta que el 3 de junio de 1844 se abatieron los últimos dos ejemplares. Y así se acabó definitivamente con toda la especie.

Vaca marina de Steller. Con 9 metros de longitud y 10 toneladas de peso, *Hydrodamalis gigas* era un pariente marino de los manatíes y dudongos actuales. Habitaba las aguas frías en torno al estrecho de Bering y la península de Kamchatka y se alimentaba de kelp. Su comportamiento dócil y su lentitud la convirtieron en una presa fácil para la industria ballenera, que la cazaba por su carne y grasa. Se extinguió en 1768.

Foca monje del Caribe. Estas focas de 2,4 metros de longitud y un peso de 270 kilos vivían en las aguas cálidas del mar del Caribe, el golfo de México y parte del oeste del océano Atlántico. Aunque también eran atacadas por tiburones, fue el ser humano el que acabó convirtiéndose en su depredador principal, que buscaba en ellas aceite derivado de su grasa. La sobrepesca de sus fuentes de alimento y su caza redujeron drásticamente sus poblaciones. Desde 1952 no se ha vuelto a ver ningún ejemplar en libertad.

León marino del Japón. *Zalophus japonicus* habitó el mar de Japón. Cercanamente emparentado con el león marino californiano, exhibía un comportamiento parecido ocupando playas arenosas y buceando en busca de peces y crustáceos. Su caza llevó a su extinción en 1970.

Ilustración del alca gigante que se extinguió en 1844.

Los leones marinos de las Galápagos (*Zalophus wollebaeki*) pertenecen al mismo género que el extinto león marino del Japón (*Zalophus japonicus*).

Las focas monjes son similares a la foca monje del Caribe que desapareció en 1952.

Representación de la vaca marina de Steller extinta por la caza intensiva.

El hogar de las aves gigantes

Debido a su condición de aislamiento, la evolución en las islas o grandes regiones no conectadas (tal es el caso de Australia) se ha desarrollado de forma independiente de la del resto del planeta. De esta forma, es común encontrar en dichos lugares ejemplos únicos de fauna y flora. Dentro de esta diversidad podemos destacar la aparición de grandes aves no voladoras, que se convirtieron en factores clave de los ecosistemas isleños.

LAS AVES ELEFANTE DE MADAGASCAR

Las aves elefante o epiornítidos, una familia de grandes animales endémicos de Madagascar, están representadas por especies terrestres que perdieron la capacidad para volar. Además, entre ellas encontramos a las aves más grandes que han existido en la Tierra. Estos animales están incluidos en el grupo parafilético de las ratites, junto con avestruces, ñandúes, casuarios, emúes y kiwis.

Uno de los géneros de este grupo fue *Aepyornis*. Los estudios moleculares han demostrado que sus parientes más cercanos son los kiwis modernos, que habitan en Nueva Zelanda. Por tanto, sus antepasados debieron migrar desde la región de Australia hasta Madagascar, donde posteriormente sufrieron un proceso de gigantismo y perdieron las adaptaciones para volar. Los ejemplares de *Aepyornis* podían medir hasta 3 metros de altura y alcanzaban un peso de entre 200 y 300 kilos. La especie más grande fue *A. maximus*, que durante mucho tiempo fue considerada como el ave más grande, ya que algunos ejemplares habrían superado los 500 kilos de peso.

Los estudios anatómicos han permitido determinar que *Aepyornis* tenía una visión mala, pero un buen sentido del olfato, característica que compartían

Aepyornis.

con los kiwis. Por tanto, se cree que estos animales eran nocturnos y habitaban zonas boscosas, donde se alimentaban de distintas especies vegetales.

Entre las grandes aves de Madagascar también encontramos al género *Vorombe*. El nombre de estas aves proviene de una palabra malgache (*vorombe*) que se traduce como «pájaro grande». Inicialmente fueron clasificadas dentro del género *Aepyornis*. Sin embargo, una revisión publicada en 2018 determinó que no pertenecían al mismo grupo. La especie *V. titan* representa a las aves más grandes que han existido en la Tierra, ya que crecieron hasta una altura de 3 metros y alcanzaron un peso de entre 500 y más de 700 kilos.

La extinción de las aves elefante, ocurrida en el siglo XI, se atribuye al asentamiento de *Homo sapiens* en Madagascar. Estas especies sufrieron la caza excesiva de los individuos adultos, así como la recolección de sus huevos. Otra de las hipótesis barajada se refiere a la transmisión de enfermedades por parte de animales, como las gallinas, introducidos por los humanos.

LOS MOAS DE NUEVA ZELANDA

Los moas, o dinornitiformes, fueron un orden de aves no voladoras de gran tamaño. Dicho grupo está compuesto por nueve especies que eran endémicas de Nueva Zelanda. Según los estudios morfológicos y genéticos, los parientes más cercanos de los moas son los tinamúes o perdices americanas, unas aves terrestres que habitan en Sudamérica.

Los moas conformaban los animales terrestres más grandes de Nueva Zelanda. Debido a su tamaño y su papel como herbívoros, eran una parte fundamental de los ecosistemas neozelandeses. Se considera que estas aves ocuparon el mismo nicho que los mamíferos herbívoros ramoneadores. Gracias al registro fósil, se ha determinado que los moas se alimentaban de una gran variedad de plantas.

Las especies *Dinornis robustus* y *D. novaezelandiae* son consideradas como los moas más grandes. Algunas de estas aves, cuando extendían todo su cuello, habrían tenido una altura de 3,6 metros. Además, pesaban alrededor de 230 kilos. También existían especies de menor tamaño, como el moa de los arbustos (*Anomalopteryx didiformis*), que medía algo más de 1 metro de altura y pesaba unos 30 kilos.

La colonización de Nueva Zelanda por parte de los polinesios tuvo lugar alrededor del año 1300. Se calcula que la extinción de los moas ocurrió transcurridos 100 años después del asentamiento humano. La principal causa de esta desaparición fue la caza excesiva, unida al consumo de sus huevos, la introducción de especies invasoras, como la rata polinesia (*Rattus exulans*), y la deforestación asociada a las actividades humanas.

AVES DEPREDADORAS EXTINTAS

La extinción de una especie puede tener un sustancial efecto sobre el ecosistema en el que estaba integrada. Debido a este motivo los impactos medioambientales humanos acaban teniendo repercusión más allá de la fauna o flora afectada de forma directa.

En el caso de los moas de Nueva Zelanda, encontramos un claro ejemplo de esta situación en las águilas de Haast (*Harpagornis moorei*). Dichas aves rapaces, que alcanzaban una envergadura de entre 2 y 3 metros, estaban adaptadas para cazar moas. Por tanto, tras la extinción de sus presas, esta especie también desapareció.

En Madagascar podemos mencionar el caso del águila coronada malgache (*Stephanoaetus mahery*). Se cree que esta especie, cuya envergadura rondaba los 1,5 y 2 metros, se alimentaba de diferentes especies de lémures. La pérdida de hábitat y la sobreexplotación de sus presas por parte de los humanos desencadenaron su extinción alrededor del año 1500.

Vorombe fue un género de aves elefantes, endémicas de Madagascar.

Los moas habitaron en Nueva Zelanda hasta la llegada de los humanos.

Durante mucho tiempo, el aspecto real de los moas no era del todo conocido debido a su extinción.

Homo sapiens

Nombre: *Homo sapiens*
Alimentación: omnívora
Altura: 1,55 a 1,85 m
Período: Pleistoceno a la actualidad
Encontrado: por todo el globo

Nuestra especie, *Homo sapiens* («hombre sabio»), se diferencia del resto del género *Homo* porque presenta una cabeza redondeada sin «cejas óseas», mandíbulas reducidas, mentón y una constitución grácil.

El ser humano es un animal, y como cualquier animal del planeta es consecuencia del proceso evolutivo.

Como todos los *Homo* y homininos anteriores, entre nosotros es común el uso de herramientas y la transmisión cultural. Pero *Homo sapiens* es la única especie de *Homo* que queda viva en la Tierra, lo que no quita que en su ADN presente la herencia genética de otras especies de su mismo género, como los famosos neandertales o los misteriosos denisovanos, un grupo humano asiático extinto que hibridó con ambas especies.

ORIGEN Y FORMA

Con esos genes de otras especies, los seres humanos han llevado a cabo grandes migraciones por todo el globo expandiéndose y colonizando todos los territorios del planeta y llevando ese legado genético con ellos. En consecuencia, a pesar de la gran diversidad humana que existe, en apariencia somos genéticamente muy parecidos, sobre todo todos los no africanos entre ellos.

NUESTRO PAPEL EN EL PLANETA

La selección natural, las mutaciones, la reproducción y la selección sexual e incluso el propio azar han determinado nuestros cuerpos y nuestras mentes.

Somos parte de la naturaleza y como tal vivimos unidos a ella. Necesitamos nutrientes que extraemos del medio para vivir, luz del sol para sintetizar vitamina D, agua para hidratarnos y refrescarnos... En esa búsqueda de alimentos el ser humano inició su vida como una especie nómada, llegando a nuevos ecosistemas y adaptándose a las nuevas condiciones que cada uno de ellos ofrecía. Más tarde, nacieron las ciudades, pero lejos de ser un entorno aislado vieron nacer un ecosistema nuevo, el urbano, uno en el que el entorno está modificado y mediado por nosotros, y el resto de seres vivos se adaptan y cumplen su función dentro de sus nuevas reglas.

Pero la influencia humana no termina ahí, sino que hemos sido capaces de dirigir la evolución de multitud de especies mediante la selección artificial, ya sea directa o indirectamente. Incluso hemos llegado a coevolucionar con distintas especies, como los perros, las vacas, las cabras o con las plantas que comemos, por un proceso que se conoce como domesticación. En consecuencia, muchas de estas especies domésticas son de gran importancia para nuestra supervivencia, pero a su vez ellas no podrían subsistir sin nuestra ayuda. De esta forma, la humanidad ha llegado a crear entornos y condiciones en los que la vida prospera, como en ciertos paisajes agrarios, por ejemplo, las dehesas o las acequias, donde la biodiversidad local aumenta gracias al manejo humano de estos territorios.

Ruta de las migraciones humanas.

¿ESTAMOS SOLOS?

Nuestra especie ha derribado barreras que les han sido insuperables a muchas otras. Hemos llegado a ocupar todos los ambientes y continentes de la Tierra, explorado cavernas, fosas, volcanes, las profundidades de los océanos e incluso salido al espacio y pisado la Luna. Sin duda, la inteligencia humana es algo notable, y durante siglos nos hemos regocijado de nuestra superioridad sobre el resto de criaturas.

A su vez, esta oda a nuestros triunfos va acompañada de cierto sentimiento de soledad. Somos la única especie de hominino del planeta y la única que llegado a desarrollar civilizaciones y avances científicos.

Durante generaciones hemos creado relatos de criaturas fantásticas o extraterrestres con niveles culturales similares o superiores a los nuestros esperando satisfacer esa soledad y al mismo tiempo planteándonos un sentimiento inquietante sobre qué sucedería si descubriéramos que son reales.

La vida extraterrestre es un tema extremadamente amplio y especulativo. Seguimos buscando señales de vida en otros planetas o frecuencias de radio de alguna civilización inteligente que responda en el silencio del espacio. Pero lo cierto es que la vida inteligente se encuentra mucho más cerca de lo que pensamos.

VIDA INTELIGENTE

A menudo olvidamos que compartimos el planeta con cientos de criaturas, muchas de ellas de gran inteligencia. Nuestros primos homínidos, como los chimpancés, usan herramientas, un lenguaje complejo y transmiten sus conocimientos de una generación a la otra. Los cuervos también son capaces de compartir información entre ellos y de resolver problemas a la altura de un niño de cinco años. Incluso se los ha visto escondiendo objetos de poco valor a modo de trampas para otros cuervos que buscan los alijos privados de comida. Fuera de los vertebrados también encontramos ejemplos asombrosos, como el pulpo, que utiliza objetos de su entorno para esconderse o imita a otros animales para engañar a sus depredadores. Como es patente, no estamos solos en el universo.

La sexta extinción masiva

La expansión de las sociedades humanas ha tenido como consecuencia impactos medioambientales a gran escala. Dicha situación se ha traducido en cambios profundos por la destrucción parcial o total de ecosistemas y del conjunto de la biosfera. Debido a estas transformaciones se ha registrado un elevado número de extinciones de especies, lo que ha motivado que entre la comunidad científica y los medios de comunicación se hable de la sexta extinción masiva.

El impacto del ser humano a nivel global se está traduciendo en la sexta gran extinción.

El término «sexta extinción masiva» hace referencia a su posición después de los otros grandes eventos de extinción que hemos relatado a lo largo del libro y que ocurrieron, por orden cronológico, a finales del Ordovícico, el Devónico, el Pérmico, el Triásico y el Cretácico. Ahora hay una sexta extinción en marcha. Sus causas son múltiples, entre las que destaca la degradación generalizada de los hábitat debida en su mayor parte a la expansión de la agricultura, la ganadería, la minería o las zonas urbanas. Se calcula que solo un 3 % de la superficie terrestre de la Tierra se encuentra ecológicamente intacta. Algunos episodios que podemos mencionar en este apartado son la deforestación, la pérdida de arrecifes de coral o la modificación de los ríos.

Diferentes plantas y animales han sufrido la merma de sus poblaciones a raíz de procesos como la sobrepesca (por ejemplo, del atún o los tiburones), la caza furtiva (asociada al comercio ilegal de marfil de elefante o cuerno de rinoceronte), la consideración de recurso inagotable (tal es el caso de la captura de animales como los castores por sus pieles) o la persecución de depredadores (como el tilacino o el lobo). La pérdida de fauna ha originado procesos como la defaunación que se caracteriza por un fenómeno conocido como bosques vacíos. De esta forma, muchas plantas pierden a importantes aliados en su supervivencia, entre los que podemos mencionar a las aves encargadas de dispersar sus semillas. Un caso similar está ocurriendo con la disminución de insectos polinizadores. Según la Unión

La ganadería intensiva produce tanto contaminación como destrucción de hábitats.

La expansión de la agricultura es uno de los factores que conducen a la deforestación.

Internacional para la Conservación de la Naturaleza, entre los años 1500 y 2012 se ha documentado la extinción de 875 especies.

Dentro de los factores que afectan a nuestro planeta hay que incluir los efectos de diferentes sustancias contaminantes, la acidificación de los océanos (relacionada con la liberación de CO_2 a la atmósfera) y la introducción de especies no nativas e invasoras. Otro fenómeno preocupante es la expansión de patógenos que provocan enfermedades como es el caso del hongo quitridio, que ataca a un gran número de especies anfibias, o el síndrome de la nariz blanca entre los murciélagos. Aunque quizá el impacto más preocupante, el que puede impulsar una extinción masiva sea el cambio climático antropogénico generado por la liberación de gases de efecto invernadero, como el CO_2 y el metano. En este escenario se espera un aumento de la temperatura global, cuyo impacto será a gran escala tanto en la naturaleza como en las sociedades humanas.

Teniendo en cuenta el conjunto de las actividades humanas, y su efecto en el resto de sistemas de la

Tierra, se ha sugerido que en la actualidad estaríamos viviendo en una nueva época geológica conocida como Antropoceno. Los inicios de la sexta extinción masiva pueden remontarse hasta la desaparición de la megafauna ocurrida entre finales del Pleistoceno y comienzos del Holoceno. En diferentes regiones, como en el continente americano, existe una correlación entre la extinción de dichos animales y la expansión humana. Sin embargo, actualmente la comunidad científica debate sobre el papel de los humanos en estos fenómenos, ya que durante este tiempo también se registró un cambio de clima que afectó gravemente a grandes animales, como el rinoceronte lanudo (*Coelodonta antiquitatis*) o el mamut lanudo (*Mammuthus primigenius*). Aun así, el impacto de las primeras sociedades humanas puede comprobarse en los casos de la desaparición de especies en regiones como Nueva Zelanda, Madagascar, Australia y las diferentes islas del Caribe o el Pacífico. Debemos tener en cuenta que la extinción de la megafauna también supuso la desaparición de su papel ecológico. Por ejemplo, los grandes herbívoros como los mamuts tenían un importante papel en el transporte de nutrientes, de la misma forma en que lo hacen hoy en día los elefantes.

La gran mayoría de los ecosistemas de la Tierra están afectados por algún impacto debido a las actividades humanas.